JN081923

クラウド時代の**ネットワーク入門**

要素技術、設計運用の基本、
ネットワークパターン

大喜多利哉　著

SE
SHOEISHA

# 本書内容に関するお問い合わせについて

このたびは翔泳社の書籍をお買い上げいただき、誠にありがとうございます。弊社では、読者の皆様からのお問い合わせに適切に対応させていただくため、以下のガイドラインへのご協力をお願い致しております。下記項目をお読みいただき、手順に従ってお問い合わせください。

## ●ご質問される前に

弊社Webサイトの「正誤表」をご参照ください。これまでに判明した正誤や追加情報を掲載しています。

正誤表　https://www.shoeisha.co.jp/book/errata/

## ●ご質問方法

弊社Webサイトの「刊行物Q&A」をご利用ください。

刊行物Q&A　https://www.shoeisha.co.jp/book/qa/

インターネットをご利用でない場合は、FAXまたは郵便にて、下記"翔泳社 愛読者サービスセンター"までお問い合わせください。
電話でのご質問は、お受けしておりません。

## ●回答について

回答は、ご質問いただいた手段によってご返事申し上げます。ご質問の内容によっては、回答に数日ないしはそれ以上の期間を要する場合があります。

## ●ご質問に際してのご注意

本書の対象を越えるもの、記述個所を特定されないもの、また読者固有の環境に起因するご質問等にはお答えできませんので、予めご了承ください。

## ●郵便物送付先およびFAX番号

送付先住所　〒160-0006　東京都新宿区舟町5
FAX番号　03-5362-3818
宛先　　　（株）翔泳社 愛読者サービスセンター

# はじめに

●

　ネットワークとは何でしょう？　ネットワークという言葉自体は、「網状のもの」という意味で、人脈や配管など、いろいろな場面で使われます。今回の本の主役であるネットワークは、コンピューターとコンピューターがつながってデータをやりとりする仕組みのこと、つまりコンピューターネットワークのことを指します。

　現在では、身近にあるパソコンやスマートフォンがネットワークにつながっているのが当たり前となり、昔に比べて「つながっている」ことを意識しなくなりました。しかし、コンピューターを通じて便利にいろいろなことができるようになっているのは、ネットワークのおかげだということができます。本書は、そのような「縁の下の力持ち」であるネットワークの仕組みについて解説しています。

　世の中はますますクラウドが前提の社会になろうとしています。クラウドはネットワークの先にあるものであり、クラウドの中にもネットワークがあります。本書では新しい情報とともに、現在でも普遍的で変わらない知識について広く紹介しています。

　世の中のほとんどの人が何かしらのかたちでネットワークを使っている今日において、その仕組みに少しでも興味を持ってもらえて、「こうなっていたのか！」と理解を深めていただければ幸いです。

# Contents

## 目次

はじめに ……………………………………………………………………………………………… iii

---

**Part 1** ▶ ● **ネットワークの基本** 001

---

**Chapter 1** **ネットワークの全体像と種類** 001

1.1 **ネットワークとは何か** …………………………………………………………… 002
　1.1.1 コンピューターがネットワークでつながる意義 …………………… 002
　1.1.2 現代におけるネットワークの全体像 …………………………………… 004
　1.1.3 LANとWAN ……………………………………………………………… 006
　1.1.4 ネットワークの構成要素 ………………………………………………… 009

1.2 **ネットワークとインターネット** ………………………………………………… 012
　1.2.1 インターネットワーキング ……………………………………………… 012
　1.2.2 ネットワークとインターネットの関係 ……………………………… 013
　1.2.3 インターネットとWANの違い ………………………………………… 017
　1.2.4 プロトコル ………………………………………………………………… 017

---

**Chapter 2** **ネットワークを実現する技術** 019

2.1 **TCP/IPの基本** ……………………………………………………………………… 020
　2.1.1 TCP/IP ……………………………………………………………………… 020
　2.1.2 OSI参照モデル …………………………………………………………… 021
　2.1.3 アドレス …………………………………………………………………… 023

2.1.4 パケット ················································· 027

## 2.2 IPアドレスの仕組み ······································· 029
2.2.1 IPアドレスを読みとく ······························· 029
2.2.2 IPアドレスの割り当てと管理 ···················· 033
2.2.3 データが正しく転送される仕組み ·············· 038

## 2.3 ネットワークのプロトコル ································· 043
2.3.1 ネットワークのレイヤー ··························· 043
2.3.2 TCPとUDP ············································ 045
2.3.3 ICMP ···················································· 048
2.3.4 NAT ····················································· 049
2.3.5 プライベートIPアドレスに使えるIPアドレス ··· 052
2.3.6 CIDR ···················································· 052
2.3.7 スタティックルーティングとダイナミックルーティング ······ 054

## Chapter 3 Webを実現する技術 057

## 3.1 Webを構成する仕組み ································· 058
3.1.1 Webとネットワーク ······························· 058
3.1.2 クライアントとサーバー ··························· 059
3.1.3 Webサーバー ········································· 060
3.1.4 HTTPとHTTPS ······································· 060
3.1.5 SSL証明書 ············································· 061
3.1.6 URLとDNS ············································ 065

## 3.2 ドメイン ···················································· 069
3.2.1 ドメイン管理機関 ··································· 069
3.2.2 ドメインの種類 ······································ 071
3.2.3 DNSの切り替え ······································ 072

**3.3 HTTPとWeb技術** ········· 074

3.3.1 HTTP ········· 074

3.3.2 Cookieとセッション ········· 077

3.3.3 認証 ········· 078

3.3.4 新しい技術：HTTP/2／Ajax／Web API ········· 080

## Chapter 4　ネットワーク機器の種類　　085

**4.1 つなぐためのネットワーク機器** ········· 086

4.1.1 ルーター ········· 086

4.1.2 スイッチ ········· 087

**4.2 まもるためのネットワーク機器** ········· 088

4.2.1 ファイアウォール・UTM ········· 088

4.2.2 WAF ········· 089

4.2.3 IDS/IPS ········· 090

4.2.4 それぞれの関係性 ········· 092

**4.3 ソフトウェアで操作するネットワーク** ········· 092

4.3.1 SDN ········· 092

4.3.2 SD-WAN ········· 095

## Chapter 5　インターネットサービスの基盤　　097

**5.1 クラウドとネットワークの関係** ········· 098

5.1.1 クラウドとネットワーク ········· 098

5.1.2 クラウドの種類 ········· 099

5.1.3 クラウドの利便性 ········· 101

**5.2 クラウドサービスとホスティング・ハウジング** ⋯⋯⋯⋯⋯ 102
　5.2.1 世の中のクラウドサービス ⋯⋯⋯⋯⋯⋯⋯⋯⋯⋯⋯ 102
　5.2.2 ホスティング・ハウジング ⋯⋯⋯⋯⋯⋯⋯⋯⋯⋯⋯ 104

**5.3 ネットワークとアプリケーション** ⋯⋯⋯⋯⋯⋯⋯⋯⋯ 105
　5.3.1 一般的なWeb-DBシステム ⋯⋯⋯⋯⋯⋯⋯⋯⋯⋯ 105
　5.3.2 構成するソフトウェア ⋯⋯⋯⋯⋯⋯⋯⋯⋯⋯⋯⋯ 106

**Part 2 ネットワークの応用** 111

**Chapter 6 ネットワークの設計と構築** 111

**6.1 ネットワークの設計・構築でやること** ⋯⋯⋯⋯⋯⋯⋯ 112
　6.1.1 システム開発とネットワーク設計・構築の関係 ⋯⋯⋯⋯ 112
　6.1.2 ネットワークの設計と構築（物理インフラ編）⋯⋯⋯⋯ 115
　6.1.3 ネットワークの設計と構築（クラウドサービス編）⋯⋯⋯ 121

**6.2 Webの信頼性を高める技術** ⋯⋯⋯⋯⋯⋯⋯⋯⋯⋯⋯ 126
　6.2.1 Webの信頼性とは ⋯⋯⋯⋯⋯⋯⋯⋯⋯⋯⋯⋯⋯⋯ 126
　6.2.2 共通鍵暗号方式と公開鍵暗号方式 ⋯⋯⋯⋯⋯⋯⋯⋯ 126
　6.2.3 常時SSL化 ⋯⋯⋯⋯⋯⋯⋯⋯⋯⋯⋯⋯⋯⋯⋯⋯⋯ 130
　6.2.4 負荷分散 ⋯⋯⋯⋯⋯⋯⋯⋯⋯⋯⋯⋯⋯⋯⋯⋯⋯⋯ 131
　6.2.5 リバースプロキシ ⋯⋯⋯⋯⋯⋯⋯⋯⋯⋯⋯⋯⋯⋯ 134
　6.2.6 CDN ⋯⋯⋯⋯⋯⋯⋯⋯⋯⋯⋯⋯⋯⋯⋯⋯⋯⋯⋯ 135

**Chapter 7 ネットワークの運用とセキュリティ** 139

**7.1 ネットワークの運用** ⋯⋯⋯⋯⋯⋯⋯⋯⋯⋯⋯⋯⋯⋯⋯ 140

7.1.1 ネットワーク運用でやること ......................................... 140

7.1.2 設定変更作業 ......................................................... 141

7.1.3 トラブルシューティング ............................................... 143

**7.2 セキュリティ対策の基礎知識** ............................................. 146

7.2.1 情報セキュリティの3要素 ............................................. 146

7.2.2 情報セキュリティにおける脅威と攻撃の手法 ......................... 147

**7.3 ネットワークのセキュリティ対策** ......................................... 149

7.3.1 ネットワーク機器やサービスを使った防御 ............................ 149

7.3.2 ログ解析 ............................................................. 157

7.3.3 LANのまもり方 ..................................................... 158

7.3.4 パソコンのセキュリティの保ち方 ..................................... 159

**7.4 ネットワーク監視のパターン** ............................................. 162

7.4.1 ネットワーク・サーバー監視のパターン ............................... 162

7.4.2 監視ソフトウェア ..................................................... 163

**Chapter 8** ネットワークのパターン  167

**8.1 自宅ネットワークのパターン** ............................................. 168

8.1.1 宅内のネットワーク ................................................... 168

8.1.2 インターネットへつなげよう ......................................... 170

**8.2 会社ネットワークのパターン** ............................................. 171

8.2.1 会社の中のネットワーク ............................................... 171

8.2.2 会社の事業所間をつなぐネットワーク ............................... 173

8.2.3 アクセス回線の種類 ................................................... 176

**8.3 インターネットVPN** ..................................................... 181

8.3.1 インターネットVPNの特徴 ……………………………… 181

8.3.2 VPNの方式 ……………………………………………… 182

8.3.3 インターネットVPNによる拠点間接続とリモートアクセス …… 183

8.3.4 ゼロトラストネットワーク ……………………………… 188

8.4 Webサービスネットワークのパターン ……………………… 189

8.4.1 クラウドか？　物理か？ ………………………………… 189

8.4.2 クラウドにおけるネットワーク ………………………… 189

8.4.3 Webサービスのネットワーク構成 ……………………… 190

8.5 インターネットの相互接続のパターン …………………… 192

8.5.1 インターネットの相互接続 ……………………………… 192

8.5.2 ピアリング ………………………………………………… 193

8.5.3 トランジット ……………………………………………… 195

8.6 ネットワークの冗長化 ……………………………………… 196

8.6.1 ボンディング／チーミング ……………………………… 196

8.6.2 マルチホーミング ………………………………………… 197

8.6.3 スパニング・ツリー・プロトコル ……………………… 198

8.6.4 VRRP ……………………………………………………… 199

8.7 インターネット回線の高速化 ……………………………… 202

8.7.1 IPoE ……………………………………………………… 202

8.7.2 IPv4 over IPv6 ………………………………………… 204

おわりに ………………………………………………………… 206

索引 ……………………………………………………………… 208

Chapter 1

ネットワークの
全体像と種類

# 1.1 ネットワークとは何か

### 1.1.1 コンピューターがネットワークでつながる意義

　ネットワーク（本書ではコンピューターネットワークのことを指します）とは、コンピューターどうしがつながって、データのやりとりをする仕組みです。そもそも、なぜコンピューターはネットワークでつながるのでしょうか。その答えを探すために、少しだけ昔の話をしましょう。

　コンピューターネットワークの歴史は古く、1960年代までさかのぼります。それ以前は、郵送などの物理的な手段によって、情報の入った磁気テープがコンピューターのある場所まで人力で運ばれていました。それがコンピューターの担当者によって処理され（オフラインバッチ処理。図1.1上）、処理結果もまた同じ手段で渡されていたのです。

　1960年代になると、多数の利用者が遠隔地にある端末から、通信回線を利用してコンピューターを共同利用できるようになりました。つまり、コンピューターどうしがネットワークでつながるようになったのです。これは**オンラインシステム**（図1.1下）と呼ばれ、中でも代表的なものとして、国鉄（現JR）の座席予約システムであるMARS（マルス）が挙げられます。MARSは何度かの世代交代を経て、現在も使われているシステムです。

　MARSを皮切りにオンラインシステムは急速に広まり、航空会社・金融・電力・保険・官公庁などに導入されていきました。特に銀行では、各支店に端末を置いてどの支店からでも預金の受け払いができるようになり、待ち時間を大幅に短縮することに成功しました。

　現在のインターネットにつながる基礎的な研究がはじまったのも1960年代でした。1つの地点や経路に依存しない分散型のネットワーク、通信の効率化など、現在にも通じるアイデアがこの頃に発案され、1969年にはインターネットの前身となるネットワークの運用が開始されました。

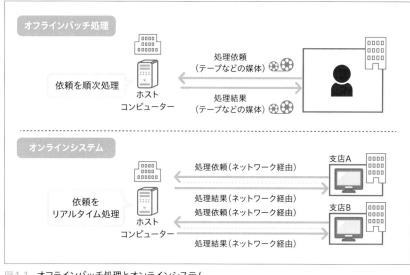

図1.1　オフラインバッチ処理とオンラインシステム

　また、現在のWeb（ウェブ）へとつながるWWW（World Wide Web）は、1989年に欧州原子核研究機構（CERN）のティム・バーナーズ＝リーによって情報共有の手段として考案されました。WWWは、元々はインターネットとはまったく別のところで生まれたものでしたが、インターネットと結合したことにより、急速に情報共有の手段として広まることになりました。その後もいくつもの改良を経て、今日に至っています。

　科学技術計算などを行うスーパーコンピューターも、ネットワークなしには語れません。1台の高速なコンピューターではなく、複数台のコンピューターを高速なネットワークで接続して協調動作をさせることで、世界ランキングに入るような性能を出すことができるのです。

　このように、コンピューターはそれ単体で存在しているだけでなく、コンピューターとコンピューターがネットワークによってつながることで、さまざまな新しい価値を生み出してきたのです。

## 1.1.2　現代におけるネットワークの全体像

　次は、ネットワークを理解するために全体を俯瞰してみてから、そのあと
で細かなところを見ていきましょう。

　まず全体像としては、インターネットという世界的な規模のネットワーク
があり、それに個々の小さなネットワークがつながっているイメージになり
ます（図1.2）。インターネットにつながっているネットワークは、家庭のネ
ットワークのように小規模なものから、会社のネットワーク、クラウド事業
者のネットワークといった大規模なものまで、さまざまです。

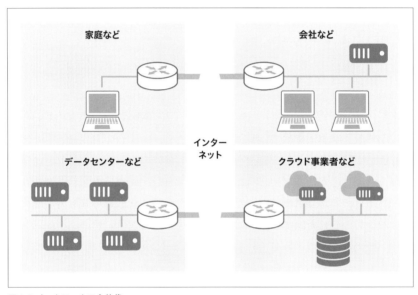

図1.2　ネットワークの全体像

　家庭用のネットワークは、光回線やCATV（ケーブルテレビ）などの**アク
セス回線**を利用し、後述するISPを経由してインターネットに接続していま
す。家庭内ではPCやプリンターなどがネットワークに接続し、複数のPCの
間でプリンターを共有するといったことも行われていたりします（図1.3）。

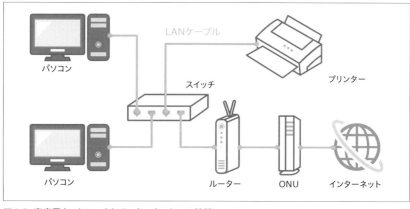

図1.3 家庭用ネットワークとインターネットへの接続

　企業向けネットワークはもう少し規模が大きくなります。PCの台数が多くなるのはもちろんですが、場合によっては複数の**拠点間通信**が加わってきます。支店A・支店Bといった会社内の事業所どうしをネットワークで結び、お互いに通信ができるようにしている、というイメージです（図1.4）。また社内にサーバーがある場合は社内のPCからサーバーに接続できるように設定を行いますし、サーバーを社内ではなく社外のデータセンターに置いていたり、クラウドサーバーを利用していたりするケースもあります。この場合データセンターと会社の各拠点間の接続や、クラウドサーバーを置いているクラウドとの接続などが必要になってきます。

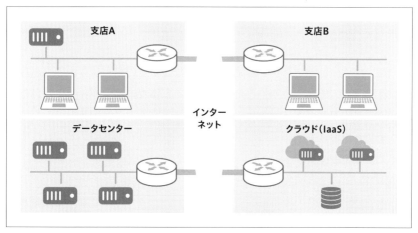

図1.4 企業向けネットワークとインターネットへの接続

### 1.1.3　LANとWAN

　コンピューターネットワークは、その範囲によって**LAN**（Local Area Network）と**WAN**（Wide Area Network）の2つに大別されます（図1.5）。LANは、家庭やオフィスなど、1つの拠点内のネットワークのことを指します。一方、WANは拠点と拠点を結ぶネットワークを指します。「拠点内」をつなぐのがLANで、「拠点と拠点」または「拠点とインターネット」をつなぐのがWANだといえます。

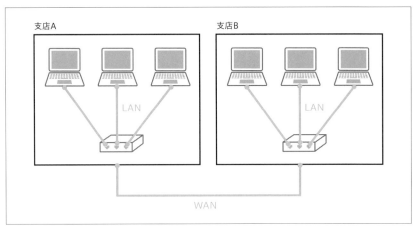

図1.5　LANとWAN

　例えば、先ほど示した図1.3はLANを表しています。対して、企業向けネットワークの「本店と支店をつなげる」部分などはイメージしやすいWANの1つです。

　ただ、「LANとWAN」と言葉で分けられるとずいぶん違うもののように思われますが、それぞれ使いどころが異なるだけで、コンピューターどうしを通信させる役割であることには変わりありません。それぞれの役割をしっかり理解しておきましょう。

#### LANの特徴

　LANには、2種類の接続方法があります。LANケーブルを使って接続する**有線LAN**（図1.6）と、電波を使って無線で接続する**無線LAN**（図1.7）で

す。

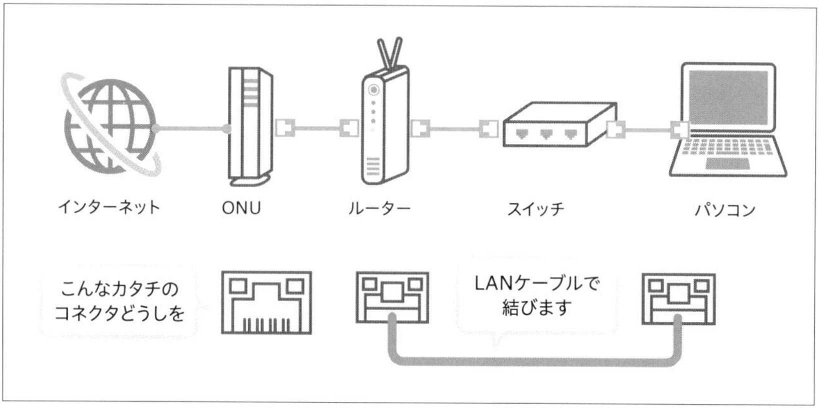

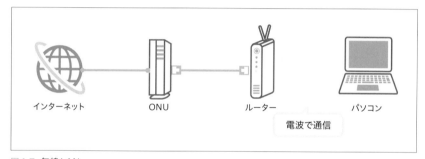

図1.6 有線 LAN

図1.7 無線 LAN

　そもそもLANには規格があり、その規格にもとづいて接続が行われています。ここからは、有線LAN、無線LANそれぞれに定められている規格を簡単に説明していきましょう。

　有線LANのための規格にはこれまでさまざまな種類がありましたが、現在はほとんどの環境で**イーサネット**が使われています。これは、LANで用いられている物理線や接続口について取り決めている規格であり、後述するOSI参照モデルの第1層・第2層にあたります。

　無線LANのための規格は、IEEEという標準化組織が定めた**IEEE 802.11**シリーズが標準として普及しています。IEEE 802.11機器に関する業界団体であるWi-Fi Allianceがこの標準に沿って作られた製品間の相互接続性を認

定しており、この認定のことをWi-Fi（ワイファイ）と呼びます。

　LANは自前の設備で構築されることが多く、機器を購入するための費用はかかりますが、定期的な利用料金は発生しません。

　LANの歴史からいえば、最初はすべて有線LANで、それも現在よりもずっと速度が遅いものでした。機器の高性能化・高機能化により、無線LANが登場し、有線LANともども規格のアップデートに伴い高速化してきました（図1.8）。

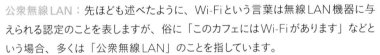

**有線LAN**

| 規格名 | 通信速度 |
|---|---|
| 10BASE-T | 10Mbps |
| 100BASE-T | 100Mbps |
| 1000BASE-T | 1000Mbps |

古い → 新しい

**無線LAN**

| 規格名 | 周波数 | 通信速度 |
|---|---|---|
| IEEE802.11b | 2.4GHz | 11Mbps |
| IEEE802.11g | 2.4GHz | 54Mbps |
| IEEE802.11a | 5GHz | 54Mbps |
| IEEE802.11n | 2.4GHz<br>5GHz | 600Mbps |
| IEEE802.11ac | 5GHz | 6900Mbps |

古い → 新しい

図1.8 LAN規格の変遷

## COLUMN

公衆無線LAN：先ほども述べたように、Wi-Fiという言葉は無線LAN機器に与えられる認定のことを表しますが、俗に「このカフェにはWi-Fiがあります」などという場合、多くは「公衆無線LAN」のことを指しています。

公衆無線LANとは、主に公共の場所で、無線LANを利用したインターネットへの接続を提供するサービスのことです。有料サービスとして提供されているものもあれば、公共の組織（市などの地方自治体）や施設（カフェやホテルなど）や乗り物（新幹線、飛行機など）が無料で提供しているものなど、さまざまな提供形態があります。

### WANの特徴

　WANは拠点と拠点を結ぶために、NTTやKDDIといった通信事業者が

提供する通信回線サービスを利用したネットワークです。通信事業者の設備を借りることになるため、通信サービス利用料やネットワーク機器使用料などを支払う必要があります。

　企業などは、複数のWANサービスから回線品質やコストなどを考慮して、最適なサービスを選択し契約します。WAN回線には個人向けのものとは別に、法人向けのものもあります。法人向けの回線は、保証する帯域が定められていたり、セキュリティオプションが選択可能であったりします。一般的に個人向けと比較して高額になります。

　また、有線によるWANサービスのほか、携帯電話に代表される移動体通信網を使った無線通信も利用されています。このような無線通信のことを**無線WAN**（Wireless WAN、WWAN）と呼んだりもします。携帯電話による移動体通信は、サービスが提供され始めた当時は非常に低速で料金も高く、ごく少量の通信を一時的に利用するもの、といったイメージでしたが、年々新しい規格になり、高速かつ低価格化したことから、スマートフォンの利用やモバイルWi-Fiルーターを使ったパソコン等の通信に代表される常時接続の形態で利用されるようになりました。

## 1.1.4 ○ ネットワークの構成要素

　ここからはネットワークを構成する要素について解説していきましょう。著者が一般的なネットワークの構成として想定したものから、それぞれの要素について解説します。

### パソコン／スマートフォンなど

　ユーザーが一般的に利用する**端末**です。端末を使って社内のサービスを利用したり、インターネット上のサービスを利用したりします。

### サーバー

　何らかのサービスを提供するコンピューターのことを**サーバー**と呼びます。機械としてのつくりはパソコンに似ていますが、より高性能なパーツが採用されていたり、24時間365日休むことなく稼働し続けることを想定したパー

ツが採用されていたりします。

## スイッチ

　有線LANを束ねるものが**スイッチ**です。単純に有線LANを束ねるものを**L2スイッチ**、ネットワークとネットワークを結ぶ機能を持つものを**L3スイッチ**、負荷分散やアプリケーションに応じた通信制御が行える高度なものを**L4スイッチ**や**L7スイッチ**などと呼びます。

## 無線アクセスポイント

　無線LANを束ねるものを**無線アクセスポイント**と呼びます。無線LANを束ねるほか、有線LANとの橋渡しを行います。後述するルーターと統合されて**無線LANルーター**と呼ばれたりすることもあります。

## ONU

　**ONU**は自宅や会社などに引き込んだ光回線とルーターの間に設置して光回線とルーターを接続し、光信号とデジタル信号間の変換を行う装置です。簡単にいえば、光回線を自宅や会社で使えるようにする装置だと理解しておけばよいでしょう。

## ルーター

　ネットワークとネットワークとを接続する機能を持ったネットワーク機器が**ルーター**です。LANとインターネットの境界に置かれ、互いのネットワークの橋渡しをしたり、拠点と拠点とを結んだり、複数の端末でネットワーク回線を共用したりする役割を担っています。ルーターとL3スイッチの違いについては、「2.3.1　ネットワークのレイヤー」で説明しています。

## ファイアウォール

　**ファイアウォール**はルーターと同様にネットワークの境界に置かれるネットワーク機器ですが、ルーターと異なる点は「セキュリティに関する機能を豊富に備えていること」です。通信の挙動に怪しい点がないかチェックしたり、アンチウイルスやアンチスパム、侵入の検知／防御を行うものもありま

す。

仮想ルーター

　パブリッククラウドを仮想的なプライベートクラウドとして利用する**VPC**（Virtual Private Cloud）というものがあります（詳細は後述）。

　従来、物理的なデータセンターに社内のシステムなどを置いていることが一般的でしたが、近年はVPCにそれらを移設するというケースが増えています。VPCは仮想的なデータセンターと呼べるものであり、VPCと社内のネットワークはプライベートなネットワークで結ばれることになりますが、ここでVPC側の結節点となるのが仮想ルーターです。ルーターが専用のハードウェアとして提供されるのに対して、仮想ルーターはクラウド上で動作するソフトウェアとして提供されます。

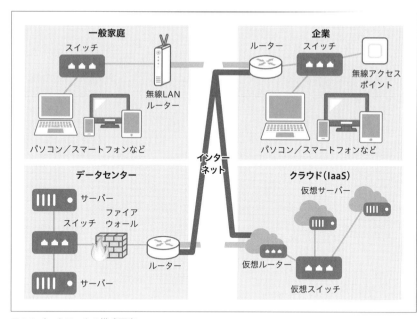

図1.9　ネットワークの構成要素

# 1.2

# ネットワークとインターネット

### 1.2.1 インターネットワーキング

　読者のみなさんは、インターネットを毎日当たり前のように使っていることでしょう。そもそも、インターネットという言葉は「ネットワーク間のネットワーク」や「複数のネットワークを相互接続したネットワーク」という意味の「インターネットワーク」という言葉からきています。

　コンピューターネットワークを拡大していくには、次の2つの方法があります。

・1つのネットワークを大きくしていく方法
・ネットワークとネットワークをつないで広げていく方法

　複数のネットワークを相互接続することを**インターネットワーキング**と呼びますが、後者のアプローチがそのインターネットワーキングです（図1.10）。そして、これを全世界的に行っているのが**インターネット**（**The Internet**）なのです。

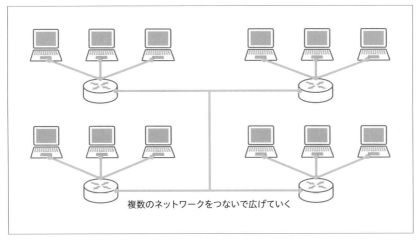

複数のネットワークをつないで広げていく

図1.10　インターネットワーキング

インターネットの他にも、企業向けネットワークにおいて「支店Aと支店BのLANをWAN回線によって接続する」といったこともインターネットワーキングの一種です。一方で、スイッチングハブなどでLANどうしを接続したりすることはLANの拡張です。前者にあたる「1つのネットワークを大きくしていく」というアプローチなので、インターネットワーキングには当てはまりません。

インターネットワーキングのメリットとして、無駄な通信をネットワーク全体に拡散させないことや、故障時の影響範囲が広範囲に及ぶのを防いだりできることが挙げられます。また、個別のネットワークをそれぞれの組織の方針にもとづいて管理できることなども挙げられます。

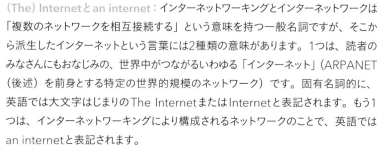

## COLUMN

(The) Internetとan internet：インターネットワーキングとインターネットワークは「複数のネットワークを相互接続する」という意味を持つ一般名詞ですが、そこから派生したインターネットという言葉には2種類の意味があります。1つは、読者のみなさんにもおなじみの、世界中がつながるいわゆる「インターネット」（ARPANET（後述）を前身とする特定の世界的規模のネットワーク）です。固有名詞的に、英語では大文字はじまりのThe InternetまたはInternetと表記されます。もう1つは、インターネットワーキングにより構成されるネットワークのことで、英語ではan internetと表記されます。

(The) Internetのことを「狭義のインターネット」、an internetのことを「広義のインターネット」と呼ぶこともあります。本書では特に断りのない限りは（The）Internetのことを「インターネット」と記載しています。

## 1.2.2 ネットワークとインターネットの関係

先ほどは「複数のネットワークを相互接続すること」であるインターネットワーキングについて解説しました。ここでは、全世界がつながっているいわゆる「インターネット」についてさらに説明していきます。

インターネットの前身となったARPANET（Advanced Research Projects Agency NETwork）は、アメリカ国防総省の高等研究計画局（略称ARPA、

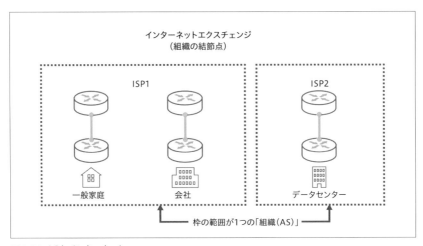

後のDARPA）が資金を提供し、いくつかの大学や研究機関との共同で行われたプロジェクトです。ARPANETはパケット通信ネットワークやTCP/IP（後述）の実用化などの点で、今日におけるインターネットの技術的方向性に影響を与えたとされています。

## 組織（AS）

インターネットは、世界中のさまざまな組織のネットワークが相互接続されたものです。組織のネットワーク間の接続ポリシーはインターネット共通の決まりごとですが、各組織内がどのようなポリシーで運用されているかについては各組織に委ねられています。

この組織の単位のことを**AS**（Autonomous System：自律システム）といいます。ASとは、インターネットを構成する単位となる、ある1つの管理主体によって保有・運用されている独立したネットワークのことで、ASがたくさんつながりあったものがインターネットを形作っています（図1.11）。本書ではこれ以降ASのことを「組織」と記述します。

わかりやすい組織の例は、OCN（NTTコミュニケーションズ）や@nifty（ニフティ）といった**インターネットサービスプロバイダ**（**ISP**）です。先ほど家庭用ネットワークの例で出てきたように、LANに接続している端末は、ISPを経由してインターネットに接続していることがほとんどです。

図1.11 ASとインターネット

インターネットの特徴の1つに「特定の管理組織が存在しない」というものがあります。インターネットに含まれる要素（規格や技術など）を管理したり、標準化を行ったりする団体は存在しますが、インターネットそのものを管理する組織はありません。そのためインターネットには「中心」となるものが存在しません。「○○に接続していたらインターネット」であるといったようなわかりやすい説明をすることが難しいのもインターネットの特徴の1つです。

## 実習 tracertしてみよう

インターネットは、世界中のさまざまな組織のネットワークが相互接続されたものです。自分のパソコンからインターネット上のWebサイトに到達するまでには、さまざまなネットワークを経由しています。ここでは実際にパソコン上でコマンドを使い、そのことを実感してみましょう。

ここで使うtracert（トレースルート：macOSも含むUNIX系OSの場合はtraceroute）コマンドは、実行したコンピューターから宛先のコンピューターまでをたどるネットワークのIPアドレス（後述）を表示するためのツールです。

以下は、筆者のパソコンから「yahoo.co.jp」に対してtracertコマンドを実行した結果です。

リスト1.1 tracertコマンドの実行例

```
> tracert yahoo.co.jp

yahoo.co.jp [183.79.135.206] へのルートをトレースしています
経由するホップ数は最大 30 です:

1 1 ms 3 ms 2 ms 10.0.1.254
2 4 ms 5 ms 4 ms softbank221111179123.bbtec.net [221.111.179.123]
3 10 ms 5 ms 4 ms softbank221110230073.bbtec.net [221.110.230.73]
4 5 ms 5 ms 5 ms softbank221110230097.bbtec.net [221.110.230.97]
5 12 ms 12 ms 15 ms 10.7.196.134
6 13 ms 14 ms 15 ms 101.102.204.246
```

```
7 14 ms 13 ms 13 ms 124.83.228.54
8 74 ms 19 ms 20 ms 124.83.252.170
9 21 ms 19 ms 20 ms 114.111.64.202
10 * * * 要求がタイムアウトしました。
11 22 ms 19 ms 19 ms 114.111.65.154
12 19 ms 19 ms 21 ms f1.top.vip.kks.yahoo.co.jp [183.79.135.206]
```

トレースを完了しました。

　tracertコマンドを実行すると、パソコンからそのサーバーに至るまでの経路がリストになって表示されます。インターネット上にはいくつものルーターがあり、それを何段も経由することで通信できるようになっていることがわかります。ここではこのように「インターネット上にはルーターが何段もつながっている」ことと、「インターネットを経由して通信するためにはその何段もつながっているルーターを経由している」ということがイメージできればよいでしょう（図1.12）。

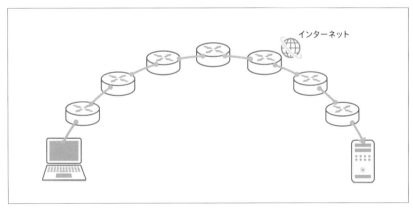

図1.12 何段もつながったルーター

リスト1.1の10のように、結果が取得できない場合もあります。これは経由している機器が`tracert`に対して返答しないような設定になっている場合に起こります。

`tracert`コマンドの結果は、みなさんが契約しているISPによって異なります。ぜひおのおのの環境で試して、結果を確認してみてください。

## 1.2.3 インターネットとWANの違い

これまで説明してきたとおり、インターネットは世界中のネットワークをつないだ、世界規模のネットワークです。ネットワークとネットワークをつなぐ際には、通信事業者のWAN回線を使って接続しています。ここまで見てきたように、拠点と拠点をつないでいる部分がWANであり、WANによってつながれたネットワーク全体がインターネットです（図1.13）。

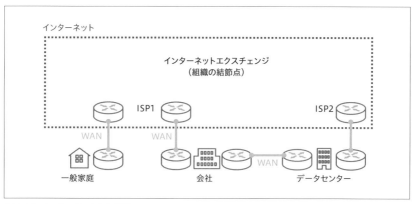

図1.13 インターネットとWAN

## 1.2.4 プロトコル

コンピューターどうしが通信をするためには、共通の決まりごとが必要です。これを**プロトコル**と呼びます。かつてはいろいろな種類のプロトコルがありましたが、今ではTCP/IPと呼ばれるものが主流になっています。

それではそもそもなぜ、共通の決まりごと（プロトコル）が必要なのでし

ょうか。例えば、電球のソケットの大きさがメーカーによってまちまちだった場合を考えてみましょう。もしそのように共通の決まりごとがないとしたら、「家の近くの電気屋さんには自分の家で使える電球が売っていなかった」とか、「間違えて買ってしまって使えなかった」とか、さまざまなトラブルが起こりかねませんね。また、1つのメーカーの中でもソケットの大きさがまちまちだったりしたら、さらにわかりにくくなります。そこで電化製品にはある程度共通の規格が定められており、各メーカーはそれにもとづいて製品を作っています。そうして、どのメーカーのものでも使えるようになっているのです。

　コンピューターの世界も同じです。A社のパソコンとB社のパソコンがお互いに通信できなかったりしたら不便ですね。また「A社のパソコンはインターネットにつながるけれどB社のパソコンはつなげない」とか、「ネットワーク経由で使うプリンターがB社のパソコンからは使えるけれどA社のパソコンからは使えない」ということがあったらさらに不便でしょう。そのようなことがないように、どのメーカーのコンピューターでも同じようにネットワークが使えるようにするため、「共通の言語」ともいえるプロトコルが必要になるのです（図1.14）。

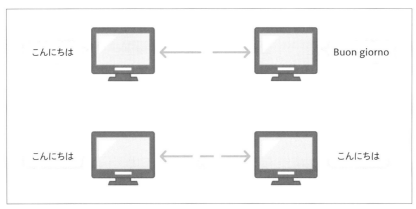

**図1.14** プロトコルのイメージ

こんにちは　　　　　　　　　　　　　　　　　　Buon giorno

こんにちは　　　　　　　　　　　　　　　　　　こんにちは

　それでは、次章ではそのような通信を行うためのプロトコル、TCP/IPについて詳しく見ていきましょう。

# Chapter 2

ネットワークを実現する技術

# 2.1 ── TCP/IPの基本

### 2.1.1 TCP/IP

**TCP/IP**は、**インターネット・プロトコル・スイート**とも呼ばれる、異なる
コンピューターベンダーや異なるOS、異なる回線どうしであっても相互に
通信することを可能にしてきた通信プロトコルの「一式」のことです。イン
ターネットの黎明期に定義され、現在でも標準的に用いられている**TCP**
（Transmission Control Protocol）と**IP**（Internet Protocol）にちなみ、
TCP/IPと呼ばれるようになりました。

　繰り返しになりますが、TCP/IPはTCPとIPだけを指すのではなく、た
くさんのインターネットの通信プロトコル一式を意味しています。TCPやIP
以外にも、UDPやICMPといった他のプロトコルもTCP/IPの中に含まれ
ています。

**TIPS**

　かつてはTCP/IP以外にもさまざまなプロトコルが存在していましたが、現在ではほ
とんどがTCP/IPを使うようになっています。

　TCP/IPで扱う範囲はその役割によって4つの階層に分けられ、これを**TCP/
IP 4階層モデル**と呼びます。データを送信してから受信するまでに必要な作
業を、各層が役割分担して行っているイメージです。TCP/IPに含まれるプ
ロトコルを階層別に分けてみると、図2.1のようになります。

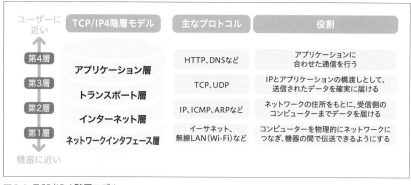

図2.1 TCP/IP 4階層モデル

## 2.1.2 OSI参照モデル

　もう1つ、知っておきたいプロトコルの階層モデルが**OSI参照モデル**(Open System Interconnection reference model) です。これはTCP/IP 4階層モデルと同様、コンピューターが持つべき通信機能を階層構造に分割したモデルで、異なるベンダー間で相互通信するための「ネットワーク・モデル」といわれる統一規格です。

　OSI参照モデルは、通信プロトコルを図2.2のような7つの階層に分けて定義しています。

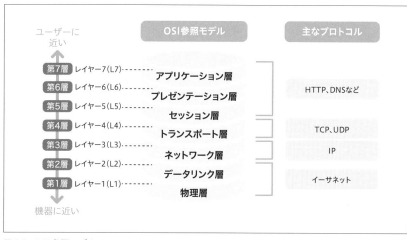

図2.2 OSI参照モデル

　OSI参照モデルの各層を実際のネットワークの世界にひも付けていくと、イーサネットが物理層とデータリンク層に相当します。TCP/IPのIPはネットワーク層、TCP・UDPはトランスポート層に相当し、コンピューター上で動くプログラムはセッション層・プレゼンテーション層・アプリケーション層にまたがるように存在しています。ちなみに、先述したTCP/IP 4階層モデルはOSI参照モデルとは別々に作られたものであり、完全に対称になるわけではありません。しかし、おおよそ図2.3のような関係だといえます。

図2.3　OSI参照モデルとTCP/IP 4階層モデルの関係

　また、データが相手に届くまでの流れは、図2.4のように「上の層から下の層に下りていって、また上の層へ上がってくる」ような流れになります。

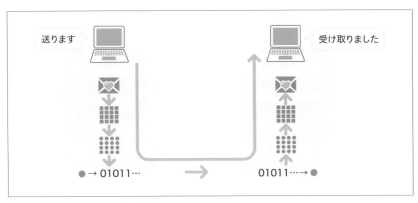

図2.4　階層モデルを通してデータが相手に届くまでの流れ

　さらにイメージを深めるために、OSI参照モデルの「層」という要素がネットワークの世界で実際にどのような使われ方をしているかについても説明しておきましょう。

　例として、Chapter 1で紹介したスイッチ（ネットワークスイッチ）について見てみましょう。スイッチとは、LANケーブルを集線する装置のことであり、条件に応じて通信の中継を行いますが、どの階層の情報にもとづいて中継を行うかによってその呼び方が変わってくるのです。例えば、イーサネットの範囲で処理するものはL2スイッチ、ルーティング3ができるものはL3スイッチと呼ばれます。同様にTCPで振り分けができるものはL4スイッチ、アプリケーションレベルでの振り分けができるものはL7スイッチと呼ばれるのです。

　L2スイッチ／L3スイッチ／L4スイッチ／L7スイッチは、それぞれ持っている機能によって分類されたネットワーク機器のことです。それぞれの違いなど、詳細は「2.3.1　ネットワークのレイヤー」で後述します。

## 2.1.3 アドレス

　通信において「**アドレス**」とは、「通信相手を特定するための識別情報」という意味を持ちます。アドレスがあるからこそ、正しい通信先と通信ができるのです。

### IPアドレス

　**IPアドレス**は、TCP/IPの世界においてコンピューターを識別するために割り当てられる番号のことです。xxx.xxx.xxx.xxxといった形式で表記されている数字を見たことがある人も多いでしょう。パソコンやスマートフォン・タブレットなどはもちろん、サーバー、ルーターやスイッチといったネットワーク機器もそれぞれIPアドレスを持っています（図2.5）。

　なおIPアドレスには、**プライベートIPアドレス**と**グローバルIPアドレス**があります。LAN内で使われているのがプライベートIPアドレス、インターネット上で使われているのがグローバルIPアドレスです。

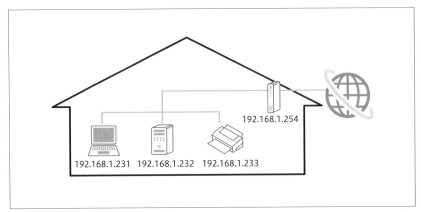

図2.5 LAN上の機器に割り当てられた（プライベート）IPアドレス

## MACアドレス

　しかしややこしいことに、IPアドレスだけあればコンピューターどうしが通信できるわけではありません。IPアドレスと、パソコンやルーターなどのネットワーク機器に最初から振られている番号である**MACアドレス**とを組み合わせることで、コンピューターどうしが通信できるようになるのです。

　というのも、イーサネットにおいてはハードウェアどうしが通信相手を特定するためにMACアドレスを使っており、一方TCP/IPでは通信相手を特定するためにIPアドレスが使われているからです。

### アドレスを使った通信の流れとARP

　同じネットワークに所属するコンピューターどうしが通信をするときは、まずIPパケットを送りたい相手のMACアドレスを調べてから、そのMACアドレス宛に通信を送るという流れになります（図2.6）。

　このとき、IPパケットを送りたい相手のMACアドレスを調べるために用いられるのが**ARP**（アープ）です。ARPとは、IPアドレスに対応するMACアドレスを知るために、ネットワーク全体にパケットを送って（**ARPリクエスト**）、自分であることがわかったコンピューターが返事をする（**ARPリプライ**）ことで、MACアドレスとIPアドレスのひも付けを行い通信できるようにする一連の仕組みです。

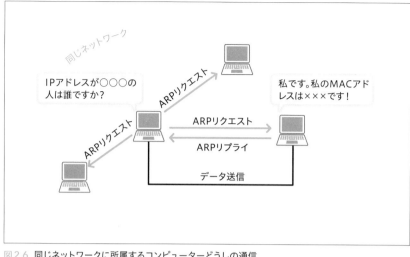

図2.6 同じネットワークに所属するコンピューターどうしの通信

## TIPS

ブロードキャスト：ARPリクエストのように「ネットワーク全体にパケットを送る」ことを、**ブロードキャスト**と呼びます。ブロードキャストは、各送信者がグループ内のすべての受信者にメッセージを送信する通信の方法です。

　一方、異なるネットワークに所属するコンピューターどうしが通信するときは、図2.7のように、ネットワーク間にルーターまたはL3スイッチが介在することになります。

　自分とは異なるネットワークのIPアドレスに対して通信したい場合、コンピューターはあらかじめ指定された**デフォルトゲートウェイ**と呼ばれるIPアドレス宛に通信を送ります。デフォルトゲートウェイとは、「他のネットワークへデータを送信する方法を知っているもの」であり、一般的にはルーターがその役割を果たします。またその際、ARPを使って調べるのは送信先（異なるネットワーク）のIPアドレスに対応するMACアドレスではなく、デフォルトゲートウェイに対応するMACアドレスです。

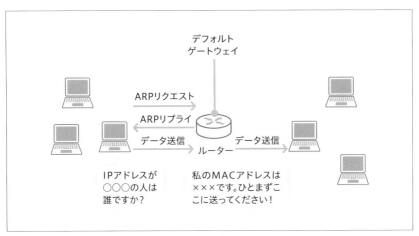

デフォルト
ゲートウェイ

ARPリクエスト

ARPリプライ

データ送信      データ送信

ルーター

IPアドレスが
○○○の人は
誰ですか？

私のMACアドレスは
×××です。ひとまずこ
こに送ってください！

図2.7 異なるネットワークに所属するコンピューターどうしの通信

　それではここからは、異なるネットワークに所属するコンピューターどう
しの通信とデフォルトゲートウェイについてさらに詳しく見ていきましょう。

## COLUMN

　IPv4とIPv6：現在使われているIPアドレスには、IPv4（IP version 4）とIPv6
（IP version 6）の2種類があります。

　古くから使われており、今なおメインで使われているのがIPv4です。インターネッ
トの普及に伴い、IPv4は数が足りなくなるといわれており、その問題を克服するた
めに新たに導入されたのがIPv6です。しかし、IPv6は登場から数年たっているに
もかかわらず、今もメインで使われるには至っていません。

　最も大きな理由は、IPv4アドレスが「まだ使えている」ことにあります。IPv4アド
レスは枯渇するといわれ続けていますが、今でも月額5ドル程度のVPS（Virtual
Private Server）を契約すれば1つのグローバルなIPv4アドレスが付与されます。
インターネットを閲覧することもIPv4があれば十分であり、「IPv6がなければ·イン
ターネットが使えなくなる」といった切迫した状況にありません。石油資源は将来
的に枯渇するといわれていますが、今でもまだ安い値段でガソリンを買うことがで
きますし、同様にIPv4アドレスも5ドル程度で手に入れることができるのです。この
「容易に手に入る」という状況が大きく変わらない限りは現存の状態に大きな変
化はないでしょう。

### 2.1.4 パケット

通信をする際のデータのやりとりの仕方には「回線交換」と「パケット交換」という2種類があります（図2.8）。ここでは、データを送信したり受信したりすることを「交換」と呼んでいる、とイメージしておけばよいでしょう。

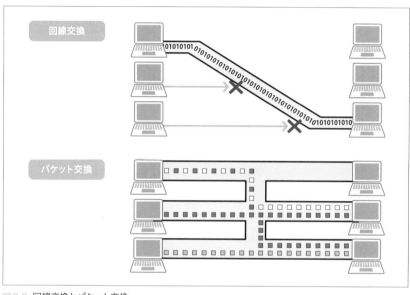

図2.8　回線交換とパケット交換

回線交換というのは電話に近いイメージであり、やりとりをしている間、ずっと回線を占有する方式のことをいいます。電話は基本的に一対一のやりとりで、電話をしている間は他の相手とやりとりすることはできませんね。しかしコンピューターネットワークでは、複数の相手と並行してデータのやりとりをすることがあるため、この方式だと効率的ではありません。

そこで生まれたのが**パケット交換**という方式です。パケット交換は、やりとりするデータを「パケット」という細かいかたまりに分けて、回線を共用して複数の通信を流すという方式です。**パケット**というのは「小包」という意味であり「小包を積んだトラックが、道路を走って荷物（データ）を届けている」とイメージするとよいでしょう。この場合、道路は誰かが占有しているわけではなく、複数の人で共用しています。パケット交換でも同じよう

に、回線を占有せずに複数の人で共用しています。

　図2.9に示すように、パケットには、現実にある小包の荷札と同じように、荷物そのもの以外に宛先や送り主といった情報がくっ付いています。荷札に相当するものを**ヘッダ**、荷物に相当するもの（小分けにしたデータ）を**ペイロード**と呼びます。ヘッダには宛先や送り主といった情報の他に、小分けにしたデータの順番などの情報も記録されています。こうすることで、データが小分けにされて送られても、届いた先で元どおりに復元できるようになっています。

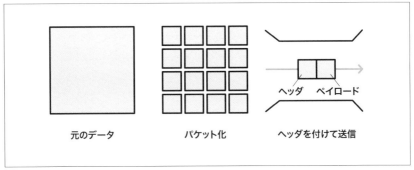

図2.9 パケット化

# 2.2

# IPアドレスの仕組み

TCP/IPの全体像が見えてきたところで、ここからはIPアドレスの仕組み
についてより詳しく見ていきましょう。

## 2.2.1 ○ IPアドレスを読みとく

それではまず最初に、「なぜIPアドレスを学ぶ必要があるのか」について
説明しておきましょう。

新しく部屋を借りて新居で生活することをイメージしてください。きっと、
インターネット回線を引いて、ルーターを買って、パソコンをつなぐことに
なるでしょう。ルーターの設定は必要だと思いますが、パソコンはルーター
につないだときからインターネットが使えるようになっているはずです。特
にパソコンに何か設定したことがなく「パソコンは買ったときからインター
ネット（ネットワーク）を使うための設定が入って売られている」というイ
メージを持つ人もいるようですが、実際には、パソコンは出荷されたときは
MACアドレスだけを持っていて、IPアドレスは持っていません。パソコン
とルーターをつないだときにはじめて、ルーターからIPアドレスを受け取っ
ているのです。

このように、ルーターからIPアドレスを自動的に受け取る仕組みのことを
**DHCP**（Dynamic Host Configuration Protcol）といいます。

DHCPでは、図2.10に示すような以下の4つの通信を行い、ネットワーク
の設定を取得しています。

・DHCPディスカバー：DHCPクライアントがDHCPサーバーを探すため
　にネットワーク上に通信をするもの
・DHCPオファー：DHCPサーバーがDHCPクライアントに対して設定を
　提案する通信をするもの
・DHCPリクエスト：DHCPクライアントがDHCPサーバーに対して提案

された設定の詳細を要求する通信をするもの

・DHCPアック：DHCPサーバーがDHCPクライアントに対して設定の詳細を指定する通信をするもの

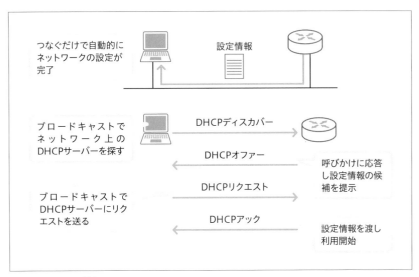

図2.10 DHCPの流れ

　ここまで自宅の話をしてきましたが、次は会社の話に切り替えて考えてみましょう。一般的に、会社などでインターネット（ネットワーク）を使えるようにしているのは情報システム部門の人たちです。またサーバーが正しくネットワークにつながるように準備をしているのはネットワークエンジニアと呼ばれる人たちです。最近はネットワークエンジニアとサーバーエンジニアをまとめてインフラエンジニアと呼ぶ場合もあり、またSRE（Site Reliability Engineering）という、「ソフトウェアエンジニアがシステムの運用を設計する」という考え方が広がっていることもあり、ソフトウェアエンジニアがインフラを担当するというケースも出てきました。

　ネットワークエンジニアは、会社の各拠点間が正しく通信できるように、「IPアドレスを割り当てる」という作業をします。IPアドレスは本来、はじめから割り当てられているものではなく、設計して実装するものです。一見、本書の読者には直接関係なさそうにも思えますが、近年はクラウドを活用してプログラマーだけでシステムを構築したりすることも可能になりました。そ

んなときに必要になるのが、本書で解説しているネットワークに関する基礎
知識なのです。

　前置きが長くなりましたが、ここから本題のIPアドレス、それから「サブ
ネットマスク」について説明していきましょう。

サブネットマスク

　IPv4アドレスはxxx.xxx.xxx.xxxといった形式で表記されます。この
表記は人間にとって見やすいよう10進数になっていますが、その実態は8桁
が4つの2進数です。またIPアドレスは、**ネットワーク部**と**ホスト部**に分かれ
ています（図2.11）。ネットワーク部は「あるネットワークを特定する情報」
であり、ホスト部は「そのネットワークの中のコンピューターを特定する情
報」です。この2つによってIPアドレスはできています。

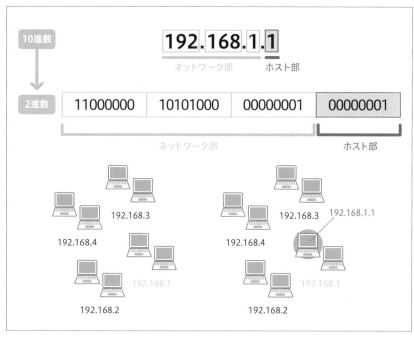

図2.11 IPアドレス

　IPv4アドレスのうち、「ネットワーク部がどこからどこまでなのか」を表
すものが**ネットマスク（サブネットマスク）**です。ネットマスクとサブネッ

トマスクは厳密には多少意味が違うのですが、現場においてはほぼ区別なく同じように使われています。本書では以降サブネットマスクと表記することにします。

それでは、以下のIPアドレス情報を例に説明していきます。本章でこれから登場するのは以下の4つです。いきなり登場する言葉もありますが、順を追って説明していきます。

・IPアドレス：192.168.1.1
・サブネットマスク：255.255.255.0
・ネットワークアドレス：192.168.1.0
・ブロードキャストアドレス：192.168.1.255

サブネットマスクの255.255.255.0を2進数で表すと、図2.12のようになります。この場合、2進数で表したサブネットマスクの1の部分がネットワーク部を表しており、0の部分はホスト部になります。

図2.12　サブネットマスクを2進数で表す

これを10進数に置き換えると、255.255.255の部分がネットワーク部、末尾の0がホスト部にあたります。8桁の2進数のかたまりを**オクテット**といいますが、IPv4アドレスは4つのオクテットからできており、それぞれを第1オクテット、第2オクテット、第3オクテット、第4オクテットと呼びます。この場合は第1オクテットから第3オクテットまでがまるまるネットワーク部、

第4オクテットがホスト部だといえます。

このサブネットマスクをもとにIPアドレス192.168.1.1を見ると、図2.13のようになります。

図2.13 IPアドレスを2進数で表す

## 2.2.2 IPアドレスの割り当てと管理

先ほど述べたように、IPアドレスははじめからついてくるものではなく自分で割り当てて使っていくものです。図2.14のように、ホスト部を変えて「1はパソコン、2はサーバー、3はプリンター…」というように、IPアドレスを割り当てていきます。

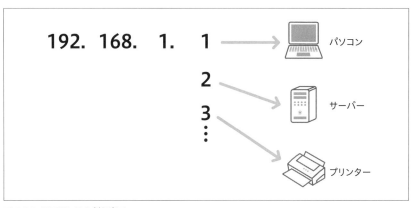

図2.14 IPアドレスの割り当て

今回の例だと、ホスト部は2進数8桁なので、10進数でいうと0〜255まで がこのネットワークのホスト部の数字として使えると思うかもしれません。し かし、実際には割り当てることができない数字があります。それはホスト部 の先頭の数字（ここでは0）と最後の数字（ここでは255）です。

ホスト部の先頭の数字、つまりホスト部をすべて0にしたものは**ネットワー クアドレス**と呼ばれ、そのネットワークそのものを表しています（図2.15）。

図2.15 ネットワークアドレス

一方ホスト部をすべて1にしたものは**ブロードキャストアドレス**と呼ばれ、 そのネットワーク全体に通信を送るような場合に使用されます（図2.16）。先 ほど紹介したARPは、このブロードキャストアドレスを使ってネットワーク 全体に通信を送っているのです。

図2.16 ブロードキャストアドレス

　このような意味を持つネットワークアドレスとブロードキャストアドレス、つまりホスト部の先頭1つと末尾1つのアドレスはパソコンなどの機器に割り当てることができません。IPアドレスとしてユーザーが自由に利用できない特別なアドレス、といえるでしょう。図2.17の例では、ユーザーが使えるIPアドレスの数は256（0から数えるので255ではないことに注意）からネットワークアドレスとブロードキャストアドレスの2つを引いた254になります。

図2.17　割り当てられないアドレス

　さらに、実際にはルーターなどのネットワーク機器にもIPアドレスが必要になるので、パソコンやプリンターなどの機器で利用できるIPアドレスはさらに少なくなります（図2.18）。

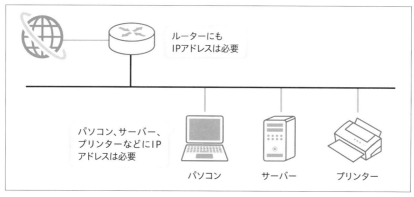

図2.18　ネットワーク機器へのアドレス割り当て

　ネットワークに接続する機器が増えてくると、IPアドレスを管理する必要が出てきます。よく使われる古典的な方法は、Microsoft Excelなどの表計算ソフトを使って表形式で管理する方式です。

　また、表ではなくWebアプリケーションのような形式でIPアドレスに関する情報を管理したり、ネットワークから自動でIPアドレスの使用状況などを取得して管理したりするツールなども存在します。これらはIPアドレス管理ソフトウェア（**IPAM**）と呼ばれます。

## TIPS

CIDR表記：ここで例に挙げている192.168.1.1の所属するネットワークは、ネットワーク部が24ビット（1の数が24個）で、ネットワークアドレスが192.168.1.0なので、192.168.1.0/24と表記することもあります。このようにIPアドレス（ネットワークアドレス）の後ろに「/」を置き、続けてサブネットマスクのビット数を書く表記をCIDR表記（サイダー）と呼びます。CIDR表記を使うと、IPアドレスとサブネットマスクの情報が一目でわかります。

### クラスと可変長サブネットマスク

　IPアドレスはそのネットワーク部の長さによって、クラスというものに分けられます。主なクラスには、表2.1に示すA、B、Cの3種類があります。

|  | 第1オクテット | 第2オクテット | 第3オクテット | 第4オクテット |
|---|---|---|---|---|
| クラスA(/8) | 11111111 | 00000000 | 00000000 | 00000000 |
| クラスB(/16) | 11111111 | 11111111 | 00000000 | 00000000 |
| クラスC(/24) | 11111111 | 11111111 | 11111111 | 00000000 |

表2.1　A、B、Cの各クラス

　しかし、サブネットマスクは必ずしもクラスに沿っていなければならないわけではありません。クラスのサブネットマスクの長さを変えてネットワークの大きさを変えたものを**可変長サブネットマスク**と呼びます。

　ここでもまた、会社のネットワーク管理者になったつもりで考えてみましょう。会社のLANを作るときに、192.168.0.0/24のネットワークセグメント4をLANに割り当てました。しかし、会社の成長に伴って社員数が増

加してパソコンの台数が増えたり、パソコン以外にスマートフォンやタブレットなどをWi-Fi経由でLANに接続したりするなどして、IPアドレスの数が足りなくなってきました。そこで、最小限の変更で使えるIPアドレスの数を増やす方法として、サブネットマスクの変更を考えてみましょう。

図2.19では、ネットワーク192.168.0.0のサブネットマスクを255.255.255.0から255.255.254.0に変更してみました。ホスト部が広がったので、その分割り当てられるIPアドレスが増えましたね。

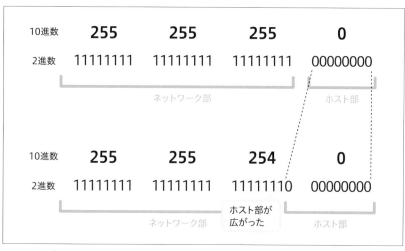

図2.19　サブネットマスクの変更

この変更により、使えるIPアドレスの数はだいたい倍くらいに増えました。もちろんはじめからホスト部を広めに取っておくことも可能です。ただしあまりにもホスト部が大きすぎるとARPなどによるブロードキャスト通信の量が増えてしまいますので、必要量に対して適切なサイズにしておくことが必要です。

あとで拡張可能なようにネットワークセグメントを設定したり、はじめから大きめに確保したりする際には、サブネットマスク計算が役に立つでしょう。このあと紹介するネットワークの設計と構築には、このような知識も必要になってきます。

### 2.2.3 データが正しく転送される仕組み

「2.1.3 アドレス」では、MACアドレスとARPという仕組みを使ってデータを送信する流れについて説明しました。ここでは、異なるネットワークに所属するコンピューターどうしが通信するときにどのような処理が行われているのか、さらに詳しく説明します。

それでは例として、3つのコンピューターに登場してもらいましょう。

- ネットワークAに所属するコンピューターA
- ネットワークBに所属するコンピューターB
- ネットワークCに所属するコンピューターC

コンピューターAからコンピューターB、コンピューターCへ通信をするときに、どのような動きをしているのでしょうか。例としてまずは、コンピューターAからコンピューターBへ通信する際の動きについて見ていきましょう。

コンピューターAはコンピューターBに対してデータを送信しようとしますが、それぞれ別のネットワークに所属しているので、コンピューターAはコンピューターBに直接データを送信することができません。そこでルーターと呼ばれるネットワーク機器が仲介することになります。

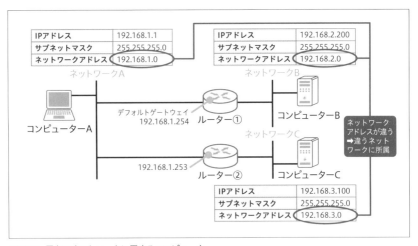

図2.20 異なるネットワークに属するコンピューター

　コンピューターAが「コンピューターBにデータを送信するときはこのルーターに送る」ということを知らない場合は、コンピューターAは**デフォルトトゲートウェイ**と呼ばれるルーターに対してデータを送信します。デフォルトトゲートウェイとは「規定の宛先」のことで、転送すべきルーターが定められていないときは必ずここに送るルールになっています。

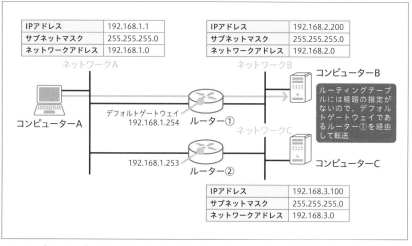

図2.21　デフォルトゲートウェイ

　ここで、コンピューターAのデフォルトトゲートウェイは図2.21の「ルーター①」だとしましょう。ルーター①はネットワークAにもネットワークBにも所属しているため、コンピューターAからの通信をコンピューターBに転送することができます。このルーターが行っている処理のことを**ルーティング**と呼びます。

　今度は、コンピューターAからコンピューターCへ通信するときの動きを見ていきます。このとき、コンピューターAは「ネットワークC（コンピューターC）にデータを送信するときはこのルーターに送る」ということを知っています。その情報は**ルーティングテーブル**というものに書かれています。ルーティングテーブルには、ネットワークへの通信をどのルーターに転送したらよいかが記録されています。ルーティングテーブルに従って、デフォルトトゲートウェイに送ったり、直接対象のルーターに送ったりできる仕組みになっています。

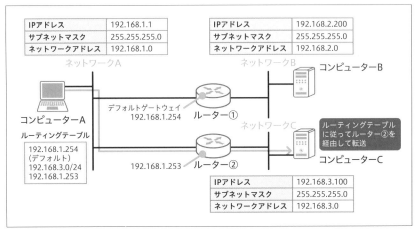

図2.22 ルーティングテーブル

　そのため、コンピューターAはルーター②にデータを転送し、ルーター②はコンピューターCにデータを転送してくれます。

### ルーターからルーターへの転送

　ここでは、ルーターからルーターへの転送というパターンはありませんでしたが、インターネットや会社のネットワークでは何台ものルーターがつながっていて、それらを通した通信をしています。上で紹介した例では、ルーターは転送するネットワークを知っている、という前提でしたが、ルーターも自分が所属していなかったり、自分が宛先を知らないネットワークに通信を転送したりする場面があるわけです。ルーターにもデフォルトゲートウェイ（ルーターの場合は特に**デフォルトルート**と呼びますがほぼ同じ意味です）があって、そこに通信を転送して、転送されたルーターがまた転送先を探して……というバケツリレーを繰り返し、ネットワークというものが成り立っているのです。

### TIPS

　**ルーターとL3スイッチ**：ルーターは、このようにOSI参照モデルの第3層（ネットワーク層）でIPの経路制御を行う機器です。実は先述したL3スイッチも同じようにOSI参照モデルの第3層でIPの経路制御を行います。ルーターとL3スイッチは何が違うのでしょうか。これについては次の節で説明します。

## 実習 IPアドレスとMACアドレスを確認してみよう

Windows PCで、自分のPCのIPアドレスとMACアドレスを調べてみましょう。[スタート] ボタン横の検索ボックスに「cmd」と入力して [Enter] キーを押し、コマンドプロンプトを開きます。

図2.23 [スタート]ボタン横の検索ボックス

コマンドプロンプトが開いたら、「ipconfig /all」と入力して [Enter] キーを押します。使用していないデバイスの情報なども大量に出力されるため、以下の出力例では一部省略している箇所があります。

リスト2.1 ipconfigの実行結果(コマンド)

```
>ipconfig /all

Windows IP 構成

    ホスト名. . . . . . . . . . . . . .: lachesis7
    プライマリ DNS サフィックス . . . . .:
    ノード タイプ . . . . . . . . . . .: ハイブリッド
    IP ルーティング有効 . . . . . . . .: いいえ
    WINS プロキシ有効 . . . . . . . . .: いいえ


Wireless LAN adapter Wi-Fi:

    接続固有の DNS サフィックス . . . . .:
    説明 . . . . . . . . . . . .: Realtek RTL8822BE 802.11ac PCIe Adapter
    物理アドレス. . . . . . . . . . . .: 10-5B-AD-29-DB-4F
    DHCP 有効 . . . . . . . . . . .: はい
    自動構成有効. . . . . . . . . . .: はい
    IPv4 アドレス . . . . . . . . . . .: 192.168.43.206(優先)
    サブネット マスク . . . . . . . . .: 255.255.255.0
```

```
リース取得. . . . . . . . . . . . . .: 2019 年7 月7 日 11:02:24
リースの有効期限. . . . . . . . . . .: 2019 年7 月7 日 16:08:46
デフォルト ゲートウェイ . . . . . . .: 192.168.43.1
DHCP サーバー . . . . . . . . . . .: 192.168.43.1
DNS サーバー. . . . . . . . . . . .: 192.168.43.1
NetBIOS over TCP/IP . . . . . . . .: 有効
```

　「物理アドレス」として出力されているのがMACアドレスです。IPv4アド
レス、サブネットマスク、デフォルトゲートウェイなどもこのコマンドで確
認ができます。
　また、自分の接続しているネットワークがインターネットに向けて通信を
する際に使用されるグローバルIPアドレスについては、「確認くん」などの
Webサービスで調べることができます（図2.24）。

・確認くん：https://www.ugtop.com/spill.shtml

| あなたの情報（確認くん） | |
|---|---|
| ※正常な効（通な）ページのリニューアルにともなう内容に変更しました。2019年6月17日 | |
| 情報を取得した時間 | 2019年 07月 07日 PM 15 時 30分 40秒 |
| 現在接続している場所(Server) | www.ugtop.com |
| あなたのIPアドレス(IPv4) | 126.234.112.110 |
| ゲートウェイの名前 | om126234112110.16.openmobile.ne.jp |
| OSの解像度 | 1920 x 1080pix |
| 現在のブラウザー | Mozilla/5.0 (Windows NT 10.0; Win64; x64) AppleWebKit/537.36 (KHTML, like Gecko) Chrome/75.0.3770.100 Safari/537.36 表示サイズ：1470 x 866pix |
| クライアントの場所 | (none) / (none) |
| クライアントID | (none) |
| ユーザ名 | (none) |
| どこのURLから来たか | https://www.google.com/ |
| Proxyのバージョン等 | (none) |
| Proxyのステータス | (none) / (none) / (none) |
| Proxyの効果 | (none) |
| MIMEの仕様 | text/html,application/xhtml+xml,application/xml;q=0.9,image/webp,image/apng,*/*;q=0.8,application/signed-exchange;v=b3 |
| FORMの情報 | GET |
| FCONTENTのタイプ | (none) |
| FORMの送信バイト数 | (none) |
| データ取得の手段 | (none) |
| クッキー | (none) |

図2.24 確認くん

# 2.3 ネットワークのプロトコル

## 2.3.1 ネットワークのレイヤー

　ここまでで、いろいろな種類のネットワーク機器が出てきました。少し整理しながら、詳しく説明していきましょう。

　スイッチにはL2スイッチ／L3スイッチ／L4スイッチ／L7スイッチと、たくさんの種類のスイッチがあることに触れました。それぞれ担う役割が異なるのでこのように分かれています。

### L2スイッチ

　MACアドレスにもとづいてデータの転送を行うのが**L2スイッチ**です。L2スイッチが登場する以前は、**リピーター**と呼ばれる装置が同じように機器と機器の接続を担っていました。しかし、受け取った以外のすべてのポートに同じデータを流して受取先と一致したコンピューターがデータを受け取るという、無駄の多いデータ転送が行われていました。L2スイッチは受取先のMACアドレスを覚えているので、対象のポートだけにデータを流すことができ、より効率のいい通信ができるようになったというわけです。

### L3スイッチ（とルーター）

　L2スイッチの機能に加えて、異なるネットワークを結ぶ機能を持っているのが**L3スイッチ**（とルーター）です。ルーターも異なるネットワークを結ぶ機能を持っているので、その点ではL3スイッチとルーターは同じものだということができそうですが、細かい部分で違いがあります。異なるネットワークを結ぶ機能を持ったネットワーク機器は、歴史的にはルーターが先で、あとになってL3スイッチが登場しました。

　L3スイッチの特徴として挙げられるのは、「ポートが多い」ということです。ポートとはLANケーブルを挿す口のことであり、L2スイッチから発展したL3スイッチは「機器と機器を接続する」という役割も担っているため、一般的にルーターよりも多くのポートを搭載しています。

　一方、ルーターの特徴として挙げられる点は2つあります。まず1つ目は、「さまざまな回線を収容できる」ということです。L3スイッチはイーサネットに対応しているWAN回線を収容することができますが、ルーターは電話回線やイーサネットでない光回線などを収容することもできます。実は、今でも電話回線を利用しているケースは少なくないのです。

　2つ目に、L3スイッチと比較してセキュリティ面で強いという点が挙げられます。L3スイッチも**パケットフィルタ**という「許可する通信と拒否する通信を設定する機能」は持っていますが、「送受信の整合性チェック」や「なりすましの防止」といったパケットのチェック機能はルーターのほうが優れています。セキュリティの機能をさらに強化したものに「ファイアウォール」や「UTM」といったものもあります（それぞれChapter 4で後述）。

### L4スイッチ／ L7スイッチ

　L4スイッチ／ L7スイッチは、「ロードバランサー」とも呼ばれます。システムに対するリクエストを複数のサーバーに分散させ、処理のバランスを調整するための仕組みです。

　L4スイッチはTCPヘッダなどのプロトコルヘッダの内容を解析して、指定されたアルゴリズムにもとづいてデータを分散配送しています。主な振り分け方に**ラウンドロビン**と**リーストコネクション**というものがあります（他にもありますがここでは割愛します）。ラウンドロビンは、分散先A／B／Cに対し、A→B→C→A→……のように順に割り当てていく方式です。一方のリーストコネクションは、分散先A／B／Cのうち最もコネクションが少ないもの（つまり「処理の余裕がある」ところ）にデータを分散配送することで、各分散先の負荷を平準化する方式です。

　L7スイッチはそれに加えて、アプリケーション層の中身まで解析してデータの分散配送を行っています。特定のユーザーとサーバーの接続（これをセッションと呼びます）を維持する機能は、L7スイッチが実現しています。システムによっては複数のサーバーが用意されていて、特定のユーザーとの通信を一定期間継続して行う必要があるものがあります。例えばWebサイトでのショッピングなどです。こういった場合でも違うサーバーに接続されて不整合が生じないようにするのがL7スイッチの役割の1つです。

## 2.3.2 TCPとUDP

**TCP**（Transmission Control Protocol）と **UDP**（User Datagram Protocol）は、IPの上位である、OSI参照モデルのレイヤー4で動作するプロトコルで、レイヤー3で動作するIPと、レイヤー5〜7で動作するアプリケーション（HTTPなど）の橋渡しを行います。

TCPとUDPは橋渡しをするという役割は同じですが、それぞれ違った特性を持っています。TCPは信頼性の高い通信を実現するための機能が実装されていますが、一方のUDPは信頼性のための機能を持たない代わりに処理がTCPと比較して高速です。そのため、データの整合性が重要になるアプリケーションはTCPを、高速性やリアルタイム性を求めるアプリケーションはUDPを使用する、という使い分けがなされています。

例えば、HTTPはすべてのデータが正しく受け取れることではじめてWcbページを表示できるためTCPを使っています。しかしIP電話は多少のデータエラーが出たとしてもリアルタイム性のほうが重要であるため、UDPを使っています。

### ポート番号

TCP／UDPいずれにも**ポート番号**というものがあります。これはコンピューターが通信を行うために通信先のアプリケーションを特定するための番号のことです。

例えば、1台のサーバー上でWebサーバーとメールサーバーの2つが動いているとします。このときIPアドレスだけでは、それがWebサーバーへの通信なのか、メールサーバーへの通信なのかを判別することができません。そこで宛先ポート番号によって判別するようになっているのです（図2.25）。

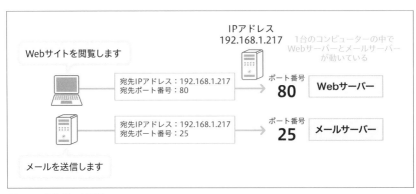

図2.25 宛先ポート番号

ポート番号には0〜65535の数字が使われ、表2.2の3種類に分類されます。

| タイプ | 範囲 | 概要 |
|---|---|---|
| ウェルノウンポート番号 | 0 〜 1023 | アプリケーション（サーバー側）で使うポート番号 |
| 登録済みポート番号 | 1024 〜 49151 | ウェルノウンポート番号にない、独自に作成されたアプリケーションで使用するためのポート番号 |
| ダイナミックポート番号 | 49152 〜 65535 | アプリケーション（クライアント側）で使うポート番号 |

表2.2 ポート番号の種類

ウェルノウンポート番号（0〜1023）のうち、よく使われるものを表2.3に示します。

| ポート番号 | プロトコル名 | トランスポートプロトコル | 概要 |
|---|---|---|---|
| 80 | HTTP | TCP | Webサーバーへのアクセス |
| 443 | HTTPS | TCP | Webサーバーへのアクセス（SSL／TLSで暗号化） |
| 110 | POP3 | TCP | メールボックスの読み出し |
| 25 | SMTP | TCP | メールサーバー間のメール配送 |
| 22 | SSH | TCP | コンピューターへのリモートログイン |
| 53 | DNS | UDP | DNSサーバーへの問い合わせ |
| 123 | NTP | TCP | 時刻同期 |

表2.3 よく使われるウェルノウンポート番号

一般的に、表2.3で紹介しているプロトコルでは、これらのウェルノウンポート番号を使用します。しかし、サーバー側で設定することにより、違う番号を使うことも可能です。よくある例としては、セキュリティ上の理由などでSSHのポート番号をウェルノウンポート番号の22番から別の番号に変更することが挙げられます。

## TIPS

SSHはネットワーク経由でサーバーにログインしてコマンドを実行できる便利なプロトコルですが、サーバーを乗っ取ったりもできるため、しばしば攻撃の対象となります。そこで攻撃される可能性を減らし、このサーバーがセキュリティ対策済みであることを誇示するためにもポート番号を22番から別の番号に変更することが行われます。
ただし、ポート番号の変更だけで攻撃を完全に防げるわけではないので、SSHの認証方式を鍵認証にしたり、接続を許可する送信元IPアドレスを制限するなどのセキュリティ対策と併用して用いられます。

ダイナミックポート番号は、接続元のポート番号として用いられます（図2.26）。例えばパソコンでWebブラウザを2つ立ち上げて同じWebサイトを開いた場合、接続元を識別する機能がないと通信を正しく行うことができません。そのような場合に、WebブラウザAのHTTP接続とWebブラウザBのHTTP接続に対してそれぞれ別の接続元ポート番号を割り当てることで区別できるようになります。

図2.26　ダイナミックポート番号

### 2.3.3 ICMP

**ICMP**（Internet Control Message Protocol）はTCP/IPが実装された
コンピューターやネットワーク機器の間で、通信状態を確認するために用い
られるプロトコルです。OSI参照モデルのレイヤー3で動作するプロトコル
であり、階層はIPと同じですが、IPの上で動くプロトコルです。疎通確認な
どに用いられる `ping` や `tracert` などが、ICMPプロトコルを使用したプ
ログラムです。

レイヤー3の上位であるレイヤー4で動作するプロトコルとしては、先ほど
紹介したTCPとUDPがあります。ICMPは事実上これらと同列に並んでい
るプロトコルだといえます。というのも、ICMPはTCPやUDPを使わず独
立して動くためです。TCPやUDPを介さず動作するので、ポート番号など
はありません。

### 実 習 pingコマンドで疎通確認をしてみよう

ネットワーク上にあるパソコンやホストに対し信号（パケット）を送り、き
ちんと届いて帰ってきているか調べることができるのが ping コマンドです。
ここでは実際にpingコマンドを使って疎通確認をしてみます。

［スタート］ボタン横の検索ボックスに「`cmd`」と入力して［Enter］キーを
押し、コマンドプロンプトを開きます。コマンドプロンプトが開いたら、「`ping
163.43.24.70`」と入力して［Enter］キーを押しましょう（リスト2.2）。

リスト2.2 pingの実行結果

```
>ping 163.43.24.70

163.43.24.70 に ping を送信しています 32 バイトのデータ：
163.43.24.70 からの応答： バイト数 =32 時間 =79ms TTL=52
163.43.24.70 からの応答： バイト数 =32 時間 =42ms TTL=52
163.43.24.70 からの応答： バイト数 =32 時間 =58ms TTL=52
163.43.24.70 からの応答： バイト数 =32 時間 =53ms TTL=52
163.43.24.70 の ping 統計：
```

パケット数 : 送信 = 4、受信 = 4、損失 = 0 (0% の損失)、

ラウンド トリップの概算時間 ( ミリ秒 ) :

　最小 = 42ms、最大 = 79ms、平均 = 58ms

　Windowsでは、何もオプションを付けないとpingは4回実行されるようになっています。ここではこちらからの4回の送信に対して、4回とも応答を受信しています。つまり、すべて成功しているので以上のような結果になっています。

　また、pingコマンドの宛先をIPアドレスでなくホスト名にすることで、DNSによって自動的にIPアドレスに変換されてpingコマンドが実行されます (リスト2.3)。

リスト2.3　ホスト名を宛先としたpingの実行例

```
>ping sakura.ad.jp

sakura.ad.jp [163.43.24.70] に ping を送信しています 32 バイトのデータ:
163.43.24.70 からの応答: バイト数 =32 時間 =46ms TTL=52
163.43.24.70 からの応答: バイト数 =32 時間 =42ms TTL=52
163.43.24.70 からの応答: バイト数 =32 時間 =58ms TTL=52
163.43.24.70 からの応答: バイト数 =32 時間 =76ms TTL=52
163.43.24.70 の ping 統計:
  パケット数 : 送信 = 4、受信 = 4、損失 = 0 (0% の損失)、
ラウンド トリップの概算時間 ( ミリ秒 ) :
  最小 = 42ms、最大 = 76ms、平均 = 55ms
```

## 2.3.4 ○ NAT

　**NAT** (Network Address Translation) は、IPアドレスを変換する技術です。なぜIPアドレスを変換する必要があるのか、見ていきましょう。

　「2.1.3 アドレス」で述べたように、IPアドレスには、プライベートIPアドレスとグローバルIPアドレスがありますが、そのうちLAN内で使われているのがプライベートIPアドレス、インターネット上で使われているのがグローバルIPアドレスです。

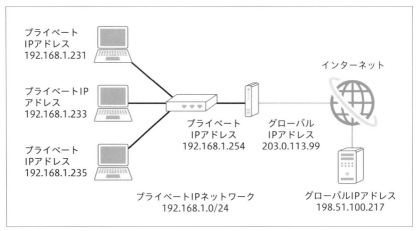

図2.27 プライベートIPアドレスとグローバルIPアドレス

　ここで、プライベートIPアドレスを持ったコンピューターから、インターネット上のグローバルIPアドレスを持ったサーバーにアクセスすることを考えましょう。このときプライベートIPアドレスのままでは、インターネット上でルーティングすることができません。ルーターがプライベートIPアドレスをグローバルIPアドレスに変換することで、データの転送が行えるようになります。この仕組みがNATです。

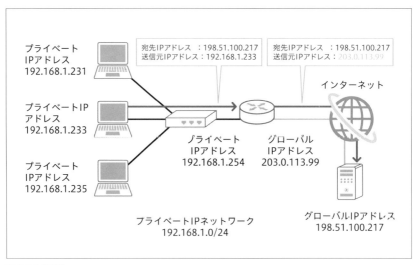

図2.28 NAT

## 実習 netstatでポートを見る

netstatコマンドを使うと、パソコンでどのようなポートが使われているかを見ることができます。

［スタート］ボタン横の検索ボックスに「cmd」と入力して［Enter］キーを押してコマンドプロンプトを開き、「netstat -n -p tcp」と入力して［Enter］キーを押しましょう（リスト2.4）。

リスト2.4 netstatの実行結果

```
>netstat -n -p tcp

アクティブな接続
```

| プロトコル | ローカル アドレス | 外部アドレス | 状態 |
|---|---|---|---|
| TCP | 192.168.43.206:50210 | 13.115.86.198:443 | ESTABLISHED |
| TCP | 192.168.43.206:50214 | 13.115.86.198:443 | ESTABLISHED |
| TCP | 192.168.43.206:50219 | 52.139.250.253:443 | ESTABLISHED |
| TCP | 192.168.43.206:50232 | 13.115.86.198:443 | ESTABLISHED |
| TCP | 192.168.43.206:50266 | 52.194.38.200:443 | ESTABLISHED |
| TCP | 192.168.43.206:50269 | 74.125.203.125:5222 | ESTABLISHED |
| TCP | 192.168.43.206:50273 | 17.248.157.25:443 | CLOSE_WAIT |
| TCP | 192.168.43.206:50367 | 23.35.193.228:443 | CLOSE_WAIT |
| TCP | 192.168.43.206:50370 | 108.177.125.188:5228 | ESTABLISHED |
| TCP | 192.168.43.206:50375 | 23.37.148.201:80 | CLOSE_WAIT |
| TCP | 192.168.43.206:50376 | 23.37.148.201:80 | CLOSE_WAIT |

自分のIPアドレス　相手のIPアドレス　接続状態
自分のポート番号　相手のポート番号　ESTABLISHED：接続中
CLOSE_WAIT：切断待ち

出力のうち、127.0.0.1は自分自身を表す特殊なIPアドレスです。それ以外はダイナミックポートが使われており、外部からパソコンへ接続して来ているポートはない一方で、外部へ接続しているポートがたくさんあることがわかります。

## 2.3.5 プライベートIPアドレスに使えるIPアドレス

　プライベートIPアドレスとして使えるIPアドレスの値は、表2.4に示す3
つのクラスとして定められています。これらのアドレスはグローバルIPアド
レスとしては流通しておらず、LAN内でのみ使われています。

| クラス | アドレス |
|---|---|
| クラスA | 10.0.0.0/8 |
| クラスB | 172.16.0.0/12 |
| クラスC | 192.168.0.0/16 |

表2.4　プライベートIPアドレス

　クラスBプライベートIPアドレスとクラスCプライベートIPアドレスは
それぞれのクラスのサブネットマスクのビット長より短い、より大きいネッ
トワークとして割り当てられていますが、利用する際にはこの範囲からさら
に/16や/24に分割して利用します。もちろん可変長サブネットマスクを利
用して/23や/28といった変則的な分割をして利用することも可能です。

## 2.3.6 CIDR

　「2.2.2　IPアドレスの割り当てと管理」で見たように、CIDR（Classless
Inter-Domain Routing）は、簡単にいえば「複数の宛先をまとめること」
です。

　例えば図2.29のように、192.168.0.0/24～192.168.255.0/24の、
合計256個のネットワークセグメントがあるとします。これをルーティング
テーブルに1行1行書いていたら、合計256行書かなければならず大変ですね。

　ここでホスト部を広げて192.168.0.0/16とすると、192.168.0.0/24
～192.168.255.0/24の合計256個のネットワークセグメント全体を表し
たのと同じことになります。このようにしてルーティングをまとめて書くこと
を**ルーティング集約**とも呼びます（図2.29）。

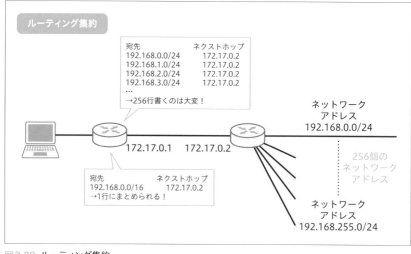

図2.29 ルーティング集約

192.168.0.0/16の中には、192.168.0.0〜192.168.255.255まで
が含まれます。そのため、この中には192.168.0.0/24も、192.168.255.
0/24も含まれています（図2.30）。小さなネットワークセグメントを包含した
大きなネットワークセグメントだといえますね。

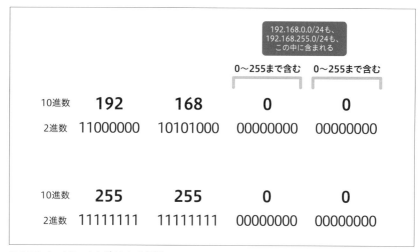

図2.30 ネットワークセグメントの包括

　ネットワーク設計の際にこのようなことも考慮しておくと、その後の構築や運用がやりやすく、保守しやすいネットワークになりますので、ぜひ覚えておきましょう。

## 2.3.7　スタティックルーティングとダイナミックルーティング

　ルーターは**ルーティングテーブル**というものを持っています。ルーティングテーブルには、ネットワークへの通信をどのルーターに転送したらよいかが記録されています。ルーティングテーブルの情報を管理する方法には、大きく分けて**スタティックルーティング**と**ダイナミックルーティング**という2つの手法があります。

### スタティックルーティング

　ルーティングテーブルを手動で管理する手法がスタティックルーティングです。

　スタティックルーティングでは、ネットワークの構築時はもちろん、ネットワーク構成の変更が行われた際のルーティングテーブルの設定変更もすべて人間の手で行います。

### TIPS

　構成管理ツールを活用するなどある程度の効率化を図っているケースもありますが、完全に自動化されているわけではありません。

### ダイナミックルーティング

　スタティックルーティングに対し、ルーターどうしが定期的、または必要に応じてネットワークの接続ルートに関する情報の交換を行い、それにもとづいてルーティングテーブルを自動的に設定する手法をダイナミックルーティングと呼びます。

　ダイナミックルーティングによって情報の交換を行う方式を**ルーティングプロトコル**と呼び、それにもいくつかの種類があります。ルーティングプロ

トコルごとに特性が異なるため、適切な選定が必要となります。また「自動的」とはいえ、「設定しておしまい」というわけにはいかず、導入や運用にはそれなりに手間がかかります。

## 比較と選定方針

　ダイナミックルーティングを使った場合も運用に手間がかかるのであれば、スタティックルーティングだけでよいような気もします。

　ところがここで問題になってくるのはネットワークの規模です。数十台のルーターで構成され、それほど構成変更の頻度が高くないネットワークであれば、スタティックルーティングで運用するのが確実で効率的だといえます。しかし、インターネットの核にあたるような部分（「ネットワークのネットワーク」の「接点」になる部分）や、通信事業者の大規模なネットワークのような、それこそルーターの数が数千台、数万台となるような場合、それも高い頻度でネットワークの構成が変わっていくようなケースでは、スタティックルーティングによる運用は現実的ではありません。

　このような大規模なネットワークを運用管理していくために、ダイナミックルーティングがあり、それを支える技術や技術者たちがいるのです。

# Chapter 3

Webを実現する技術

# 3.1

# Webを構成する仕組み

### 3.1.1 Webとネットワーク

Webとは、正しくはWorld Wide Web（ワールドワイドウェブ：**WWW**）と呼ばれる、インターネット上で提供されているハイパーテキストシステムです。俗には「インターネット」という表現がWebのことを指す場合もありますが、正確にはWebはインターネット上の1つの機能です。

**ハイパーテキスト**とは、文書の中に他の文書の位置情報が埋め込まれていることで情報が相互に関連づけられ（**ハイパーリンク**）、参照可能となっている文書の概念のことです。この概念をインターネット上で実現したものがWebというわけです。

Chapter 1でも触れましたが、Webは1989年に欧州原子核研究機構（CERN）のティム・バーナーズ＝リーによって情報共有の手段として考案されたものが原型となり、いくつもの改良を経て、今日に至っています。

Webは、HTMLに代表されるハイパーテキスト言語と、「ネットワークのネットワーク」であるインターネットが融合することによって生まれました（図3.1）。

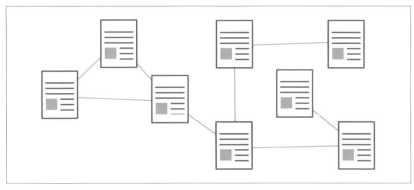

図3.1 ハイパーリンクにより形作られるWeb

当初は文字情報をやりとりするだけの簡易なものでしたが、Webサーバー上で動くアプリケーションやHTML言語そのものの拡張などにより利用範囲

が拡大し、今ではEC（電子商取引）・オンラインバンキング・ゲーム・動画サービスなど、多くの用途で用いられるようになりました。Webとは元々「クモの巣」という意味ですから、まさに言葉どおり、情報の網が広がっているのです。

　Webの登場によって、地球全体でありとあらゆる情報を共有できるようになりました。人類史上最大の規模で個人間での情報のやりとりが可能となっているのです。

## 3.1.2 クライアントとサーバー

　Web上で提供されるサービスの多くは、サービスを提供する側（**サーバー**）とサービスを受ける側（**クライアント**）とで成り立っています。これを**クライアント・サーバーモデル**と呼びます（図3.2）。サーバーにシステムを置き、ユーザーはクライアントからサーバーにアクセスします。

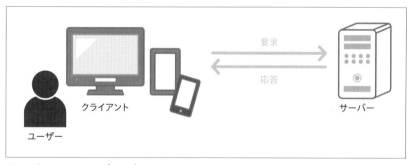

要求

応答

クライアント

ユーザー

サーバー

図3.2　クライアントサーバーモデル

　コンピューターとしてのサーバーとクライアントの違いについても少し見ておきましょう。Webサービスを例に考えてみると、サーバーはその役割の性質上、メンテナンスで一時的に止めることはあるかもしれませんが、基本的にはいつでもクライアントの要求に応えられるよう24時間365日稼働している必要があります。

　一方で、クライアントはサービスを利用するときだけ動かすものなので、使わないときは電源を切ったりできますし、いつも稼働しているわけではありません。また、人間が使うものなので、使いやすさや持ち運びやすさといっ

たことが考慮されて作られています。

### 3.1.3 Webサーバー

Webはクライアントサーバーモデルにもとづくシステムで、情報提供者が
Webサーバーを公開し、利用者はWebブラウザを介してWebサーバー上
にある情報にアクセスする（ブラウジング）という形式を基本としています
（図3.3）。

図3.3 ブラウジングの流れ

Webサーバーとは、情報発信やサービス提供のために24時間365日動き
続けるコンピューターのことです。Apacheやnginxなど、コンピューター
上で動作するWebサーバー機能を提供する具体的なアプリケーションのこ
とを指してWebサーバーと呼ぶこともありますので注意しましょう。

Webサーバーの最も基本的な役割はWebページの公開です。HTMLで記
述された文書をインターネット上に公開する役割を担っています。Webサー
バー上でアプリケーションを実行できる**CGI**という仕組みによって、インタ
ーネットには情報の双方向性が生まれました。現在では、サーバーサイド言
語やデータベースなどと連携することにより、Web上で多くのことが行える
ようになっています。

### 3.1.4 HTTPとHTTPS

**HTTP**は、サーバーとクライアントの間でデータのやりとりを行うための
プロトコルです。当初、Webは情報共有を目的としたシステムだったことも
あり、情報通信経路上における情報の秘匿は必要とされていませんでした。し

かしWebの利用範囲が拡大したことにより、入力されたデータをWebサーバーに転送する際に、暗号化して情報の機密性を確保する必要が出てきました。そこで生まれたのが**HTTPS**というプロトコルです。

HTTPSは**SSL/TLS**という仕組みによって実現されています。**SSL**（Secure Sockets Layer）と**TLS**（Transport Layer Security）とは、インターネット上で通信を暗号化し、第三者による通信内容の盗み見や改ざんを防ぐ技術です。SSLはNetScape社によって開発されたプロトコルで、TLSはSSLの後継としてIETFと呼ばれる標準化組織のTLSワーキンググループによって策定されたプロトコルです。現在使われているのはSSLではなくTLSであるため、「TLS」とだけ表記してもよいのですが、SSLの知名度がそれなりにあるためSSL/TLSと併記されたり、単にSSLと呼ばれることも多くあります。

### 3.1.5 SSL証明書

SSL/TLSをWebサイトで利用するためには、**SSL証明書**（図3.4）が必要になります。SSL証明書とは、認証局（CA: Certification Authority）と呼ばれる信頼できる第三者機関が、利用者（そのドメインの所有者）に対して発行しているものです。

図3.4　SSL証明書の例（https://www.bk.mufg.jp：三菱UFJ銀行）

### SSL証明書の役割

SSL証明書は以下の3つの目的で利用されます。

1. データの暗号化：詳細は後ほど「6.2.2　共通鍵暗号方式と公開鍵暗号方式」で解説しますが、SSL証明書に含まれる公開鍵を使うことで暗号化通信を行うための秘密鍵を安全にやりとりでき、暗号化通信が実現できるようになっています

2. ドメインの保有証明：SSL証明書によって「このドメインはAさんの所有するドメインである」ということを第三者機関である認証局が保証していることを確認できます

3. データの改ざん防止：第三者機関が保証している証明書によって暗号化されている通信は「なりすましではなく、確実にAさんからの情報である」ということを保証します

### 認証局の信頼

ところで、認証局の信頼はどのように確保されているのでしょうか。認証局は「認証局運用規定（CPS：Certificate Practice Statement）」と呼ばれる文書を公開することでセキュリティポリシーを定め、それが本社を置く国の政府などに認定されることで、信頼が確保されています（図3.5）。

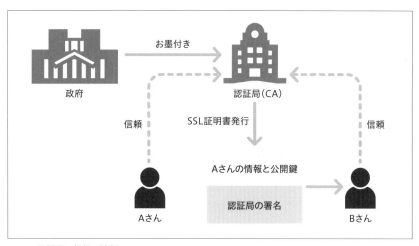

図3.5　認証局の信頼の確保

## 認証レベルによる種類

SSL証明書は、認証レベルにより「ドメイン認証（DV）」「企業認証（OV）」「EV認証（EV）」の3つに分けられます。いずれの証明書もSSL/TLSによる暗号化通信の機能を提供しますが、証明書が発行された組織の実在性の証明範囲に差があります。

**ドメイン認証**（**DV**：Domain Validation）は、ドメインに登録されている登録者を確認することにより発行される証明書です。ドメインの所有確認のみ行っているため、ドメインおよび証明書の所有者についての証明機能はありません。発行スピードが速く低価格であることから、個人サイトからコーポレートサイト、各種メディアなど幅広く利用されています。特に、個人情報やクレジットカード情報などの機微な情報のやりとりが存在しない、SEO（検索エンジン最適化）上の理由で常時SSL化対応が必要なWebサイトでは、ドメイン認証証明書が多く利用されています。

**企業認証**（**OV**：Organization Validation）は、ドメインに加え「Webサイトを運営する組織」の実在性を証明する証明書です。証明書の発行元が運営組織の実在性を証明するため、個人情報やクレジットカード情報などの機微な情報のやりとりがあるWebサイトなどで用いられます。

**EV認証**（**EV**：Extended Validation）は、企業の実在性に加えて、所在地の認証を行います。ブラウザのアドレスバーが緑になり、Webサイトの運営組織が表示されます。企業の実在性証明という点では企業認証（OV）と同じようにも思われますが、所在地確認を行うなど発行にはより厳しい審査があり、視覚的にも確認できることから、個人情報やクレジットカード情報などの機微な情報のやりとりが存在するWebサイトに加え、オンラインバンキングや金融機関連携機能を有するFintechサービスを提供するサイトなどで用いられています。

これら3種類の比較を表3.1に示します。

| | ドメイン認証 | 企業認証 | EV認証 |
|---|---|---|---|
| 暗号化通信 | ○ | ○ | ○ |
| ドメイン所有者確認 | ○ | ○ | ○ |
| 組織の実在性確認 | – | ○ | ○ |
| ワイルドカード証明書[1]対応 | ○ | ○ | – |
| 発行対象者 | 個人・法人 | 法人 | 法人 |
| 価格[2] | 972円/年〜 | 41,580円/年〜 | 53,460円/年〜 |
| 信頼性 | 低 | 中 | 高 |
| 用途 | ・問い合わせフォームやキャンペーン応募など各種フォーム<br>・個人情報の入力は行わないサイトの常時SSL化用 | ・個人情報の入力が必要な会員制サイト<br>・クレジットカード情報や個人情報の入力が必要なECサイト | ・個人情報の入力が必要な会員制サイト<br>・クレジットカード情報や個人情報の入力が必要なECサイト<br>・企業サイト、オンラインバンキング |
| メリット | ・個人でも利用できる<br>・年額1,000円を切る証明書も存在するなど低価格<br>・申請から発行までのスピードが速い | ・組織の実在性証明を行う<br>・ワイルドカード証明書が発行できる | ・緑色のアドレスバーおよび組織名の表示により、サイトの信頼性が向上する |
| デメリット | ・組織の実在性証明は行わない | ・組織の実在性証明は行うが、ブラウザ上の表示機能がない | ・ワイルドカード証明書が発行できない<br>・比較的高価である |

表3.1 SSL証明書の比較

## 発行および利用プロセス

それでは最後に、SSL証明書の発行および利用のプロセスについて説明していきましょう。

まず、SSL証明書を取得したいAさん（ドメインの保有者）は、認証局に

---

1　同じドメインに属する複数のサブドメインまでまとめて保護するタイプの証明書。

2　価格はさくらインターネット株式会社のWebサイトより引用（2018/2/23時点の情報）。

公開鍵を提出します。認証局は対面などの手段を用いて、Aさんの本人性やドメイン保有者であることなどを確認し、SSL証明書を発行します。Aさんは自分の保有しているドメインのWebサイトにてSSL証明書を使い、暗号化を行います。Webサイト利用者のBさんはその証明書が信頼のある認証局の発行であることを確認できるので、そのWebサイトのサービスを安心して利用することができるというわけです。

## 3.1.6 URLとDNS

### URL

**URL**（Uniform Resource Locator）は、インターネット上のHTMLや画像などといったリソースの場所を特定するための書式として生まれました。

URLの基本的な書式は、図3.6のように、**スキーム**（プロトコル｜：//）とサーバーアドレス（またはホスト名＋ドメイン）に

・ディレクトリ名
・ファイル名

を「/」でつないだものになっています。

図3.6 URLの基本的な書式

## DNS

ただし、`http://203.0.113.1/news/index.html`のようにIPアドレスで表記したものを覚えるのは大変なことです。そこで、より人間が覚えやすく使いやすい名前として、`http://www.example.jp/news/index.html`のようにホスト名とドメインに置き換えてわかりやすくすることができます。このように「ホスト名＋ドメイン」に置き換えたものを図3.7に示します。

図3.7 ホスト名＋ドメインを使ったURL

しかし、インターネットの世界では必ずIPアドレスで接続先を指定する必要があるため、`www.example.jp`が`203.0.113.1`であることを調べる仕組みが必要です。その仕組みのことを**DNS**（Domain Name System）と呼んでいます。

## COLUMN

DNS以前：インターネットの前身であるARPANETでは、ホスト名とIPアドレスの対応表として、HOSTS.TXTというテキストファイルを使用していました。しかし、この方法には以下のような問題がありました。

・接続ホスト数の増加によるHOSTS.TXTファイルの肥大化
・HOSTS.TXTファイルの更新頻度の増大による作業量の増加
・マスターファイルを集中管理するサーバーの負荷の増大

これらの問題を解決するために開発されたのがDNSという仕組みです。

DNSはインターネット上の巨大な分散データベースといえる存在です。DNSは**コンテンツDNSサーバー**と**キャッシュDNSサーバー**の2つからなり、コンテンツDNSサーバーが各ドメインの元となる情報を持ち、キャッシュDNSサーバーはパソコンやスマートフォンなどのクライアントからの問い合わせに応じて、コンテンツDNSサーバーを探し当て、情報をリクエストします。そしてキャッシュDNSサーバーが、そのコンテンツDNSサーバーからの回答をもとにクライアントに情報を伝達します。

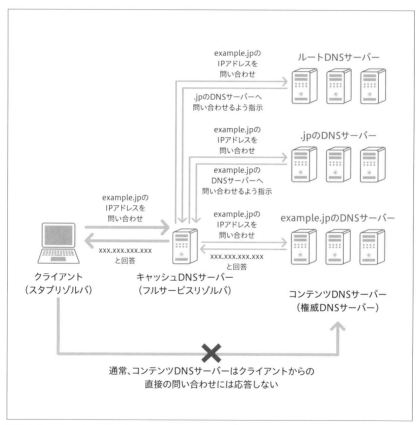

図3.8 キャッシュ DNS サーバーとコンテンツ DNS サーバー

## 実習 DNSを使ってみよう

WindowsパソコンでDNSを使ってホスト名からIPアドレスを取得して
みましょう。その際に使うのがnslookupコマンドです。

［スタート］ボタン横の検索ボックスに「cmd」と入力して［Enter］キー
を押してコマンドプロンプトを開き、「nslookup sakura.ad.jp」と入
力して［Enter］キーを押します（リスト3.1）。

リスト3.1 nslookupコマンドの実行例（接続先：sakura.ad.jp）

```
>nslookup sakura.ad.jp
サーバー: ns5.odn.ne.jp
Address: 143.90.130.165


権限のない回答:
名前: sakura.ad.jp
Address: 163.43.24.70
```

「サーバー」と、そのすぐ下の「Address」は、参照しているDNSサーバ
ーを表します。これらの出力内容は実行したパソコンの設定によって異なり
ますが、その下の「権限のない回答」についてはどこから実行しても同じ結
果になります。

もう一度、他のホスト名でも試してみましょう。「nslookup yahoo.
co.jp」と入力して［Enter］キーを押します（リスト3.2）。

リスト3.2 nslookupコマンドの実行例（接続先：yahoo.co.jp）

```
>nslookup yahoo.co.jp
サーバー: ns5.odn.ne.jp
Address: 143.90.130.165

権限のない回答:
名前: yahoo.co.jp
Addresses: 182.22.59.229
          183.79.135.206
```

　今度は回答にIPアドレスが2つ出てきました。これは**DNSラウンドロビン**という負荷分散の仕組みで、問い合わせのたびに交互にIPアドレスを返すことでアクセス先を分散するという手法です。

## 3.2 ドメイン

　**ドメイン**とは「インターネット上の住所」のことで、グローバルIPアドレスを持つサーバーがどこにあるかを判別する情報として利用します。グローバルIPアドレスを持つサーバーとは、一般的にはWebサイトのことを指します。そのためドメインとはWebサイトのインターネット上の住所と理解しておけばよいでしょう。

### 3.2.1 ● ドメイン管理機関

　ドメインは誰がどのように管理しているのでしょうか。ドメインを全世界的に管理しているのは、ICANNという非営利団体です。そのほか、ドメインを取り扱う組織に**レジストリ**と**レジストラ**があります。

　レジストリはドメインの管理機関で、各ドメイン情報のデータベースを管理しています。レジストリによって、管理しているドメインは異なります。

　レジストラはドメインの仲介登録業者で、レジストリの管理しているデータベースに直接ドメイン情報を登録することができます。ドメインを利用するには、そのドメイン名の所有者が誰なのか、どのDNSサーバーで管理されているのかなどの情報をレジストリのデータベースに記録する必要があります。利用者が申請した情報はレジストラを経由してレジストリのデータベースに記録されます。

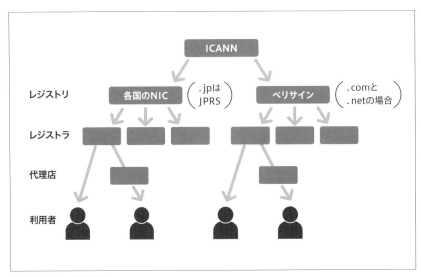

図3.9 ドメイン管理機関

　ドメインはレジストラが販売するほか、レジストラの代理店が販売するケースもあります。日本国内外に多くのドメイン販売業者がありますが、これらにはレジストラが直接販売業務を行っているものもあれば、レジストラからドメインを卸してもらって販売している代理店もあるということになります。レジストラはレジストリの管理するデータベースに直接アクセスすることができますが、代理店はレジストリの管理するデータベースにはアクセスできず、レジストラを経由して情報を登録することになります。

　ただし、利用者から見ると代理店とレジストラに大きな違いはなく、代理店だからダメ、レジストラだから有利、ということは特にありません。レジストラと代理店双方にいえることは、価格や取り扱っているドメインの種類が業者によって大きく異なるということです。そのため「どのドメインを使いたいか」「価格はどうか」などの観点で業者を選ぶことが多くなるでしょう。一概にこうといえるものではありませんが、業者の信用度のようなものも選択のポイントになるでしょう。

### 3.2.2 ドメインの種類

ドメインは大きく2種類に分けられます。**gTLD**（generic Top Level Domain）と **ccTLD**（country code Top Level Domain）です。どちらも ICANNが管理していますが、ドメインの登録業務やデータベースの管理といった実際の運営業務はレジストリに委託されています。

#### gTLD

gTLDは全世界に登録が開放されている「.com」「.net」「.org」と、登録に制限のある「.edu」「.gov」「.int」「.mil」の7種類からスタートしています。2000年に「.biz」「.info」「.name」「.pro」「.aero」「.coop」「.museum」の7種類が追加され、2003年には「.asia」「.cat」「.jobs」「.mobi」「.post」「.tel」「.travel」「.xxx」が追加されました。

2012年からは新たに創設するgTLDの数に上限を設けず、技術的・財務的な要件を満たす組織であれば申請可能になり、今では非常に多くのgTLDが存在するようになりました。一般の利用者でも申し込み可能なgTLDの他に、特定企業が専用に保有するgTLDも存在するようになりました。gTLDは、ベリサインなどの会社がレジストリとなっています。日本国内のICANN認定レジストラにはGMOインターネット株式会社や株式会社インターリンクなどがあります。

#### TIPS

gTLDの中でも、業界団体が代表してスポンサーとなって創設されたgTLDのことを sTLD（sponsored Top Level Domain）と呼ぶこともあります。先述したgTLD の中では「.aero」「.coop」「.museum」「.asia」「.cat」「.jobs」 「.mobi」「.post」「.tel」「.travel」「.xxx」がsTLDにあたります。

**ccTLD**

ccTLDは「.jp」「.us」「.uk」「.tv」など世界に200種類以上あり、原則としてその国に在籍している人を対象としています。しかしあくまでもそれは原則であり、運営はその国のネットワークインフォメーションセンター（NIC）に任されているため、その国以外の人に開放されているドメインもあります。

日本のccTLDである「.jp」は株式会社日本レジストリサービス（JPRS）という会社がレジストリとして運営しています。「.jp」のレジストラはGMOインターネット株式会社やさくらインターネット株式会社などがあります。他国ではNICがレジストリとなっているケースが多いですが、日本におけるNICは一般社団法人日本ネットワークインフォメーションセンター（JPNIC）、「.jp」ドメインのレジストリはJPRSと、分離されています。

### 3.2.3 DNSの切り替え

システムの移行作業やサーバーのリプレイスなど、IPアドレスが変更になるケースは多くあります。その際に、DNSの設定も併せて変更する必要があります。

例として、

・www.example.jpのIPアドレスが203.0.113.1である

状態から

・www.example.jpのIPアドレスが198.51.100.1である

状態へと変更する必要がある場合を想定して説明しましょう。

「3.1.6 URLとDNS」で述べたとおり、DNSは巨大な分散データベースです。元になる情報を持っているのはコンテンツDNSサーバーですが、インターネット上に複数存在するキャッシュDNSサーバーは、そのコピーされた情報を持っています（持っていない場合もあります）。そしてキャッシュDNSサーバーは、一度問い合わせがあったDNS情報をキャッシュとして持ちます。どれだけの時間キャッシュを保持するかは、コンテンツDNSサーバーの持つ元のデータで定義されています。

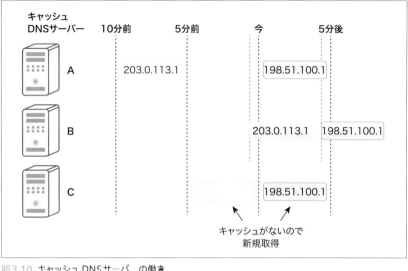

図3.10 キャッシュDNSサーバーの働き

このように、キャッシュサーバーによってキャッシュが切れて新しい情報を再取得するのにはタイムラグが生じます。DNSの情報はスイッチを切り替えるようにすぐ行えるのではなく、新しい情報がくまなく行き渡るために時間がかかるのです。これは元に戻すときも同じことで、サーバーの切り替えに失敗して切り戻すときも、同様のタイムラグが生じます。

図3.10の例ではキャッシュ時間を5分として説明していますが、普段はコンテンツDNSサーバーへのリクエストによる負荷増加を回避するため、より長いキャッシュ時間とされていることがほとんどです（例：60分、8時間、24時間など）。このため、作業前にキャッシュ時間を短くしておく（例：5分など）必要があります。

DNS情報の変更を伴うサーバーの移行は、このようなDNSの特性をよく理解した上で計画し実行する必要があります。

# 3.3 HTTPとWeb技術

## 3.3.1 HTTP

HTTPは、WebブラウザとWebサーバーの間のやりとりを支えるプロトコルです。HTTPでは、データを要求する**HTTPリクエスト**と、それに応答してデータを送信する**HTTPレスポンス**という、2つのやりとりを繰り返し行うことでWebページを表示しています。その全体像を図3.11に示します。

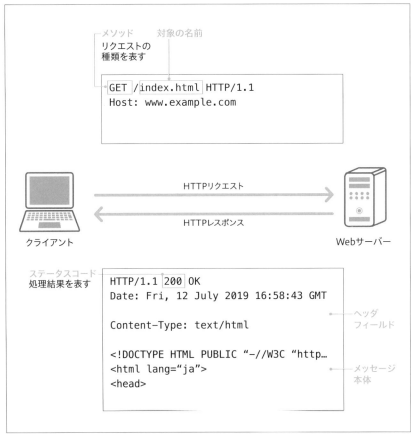

図3.11 HTTPリクエストとHTTPレスポンス

HTTPリクエストには、行いたい処理を表す**メソッド**名と、その「対象の名前」が含まれます。メソッドの種類には主に以下のようなものがあります。

・GET：データの取得をWebサーバーに要求する
・POST：Webサーバーにデータを送信する
・PUT：Webサーバーにファイルをアップロードする

HTTPレスポンスには処理結果を表すステータスコードと、ヘッダ、そして実際の処理結果であるメッセージが含まれます。ステータスコードには、主に表3.2のようなものがあります。

| ステータスコード | 結果フレーズ | 説明 |
|---|---|---|
| 200 | OK | OK。リクエストは成功し、レスポンスとともに要求に応じた情報が返される |
| 403 | Forbidden | 禁止されている。アクセスすることを拒否された。アクセス権がないページにアクセスした場合などに返される |
| 404 | Not Found | 未検出。ページが見つからなかった |
| 408 | Request Timeout | リクエストタイムアウト。リクエストが時間以内に完了していない場合に返される |
| 410 | Gone | 消滅した。リソースは恒久的に移動・消滅した。ページがなくなったことを対外的に示すために用いられる |
| 500 | Internal Server Error | サーバー内部エラー。サーバーで動かしているプログラムの実行にエラーが発生した場合などに返される |
| 503 | Service Unavailable | サービス利用不可。サービスが一時的に過負荷やメンテナンスで使用不可能である。アクセスが殺到して処理不能に陥った場合に返される |

表3.2 HTTPレスポンスのステータスコード

## 実習 HTTPのやりとりを見る

Google Chromeのデベロッパーツールを使って、HTTPでどのようなやりとりがなされているのか見てみましょう。なお、これはGoogle Chromeの標準機能の1つなので、特別に何かをインストールする必要はありません。

まず、確認したいWebページをGoogle Chromeで開きます。ここでは「google.co.jp」を開いてみましょう。[F12] キーを押すとデベロッパーツールが起動するので、「Network」タブをクリックします。続いて [F5] キーを押してページ更新（リロード）をします。すると図3.12のような画面表示になります。「Name」の列に表示されているのがHTTPリクエストの一覧、「Status」の列に表示されている「200」などの数字がHTTPレスポンスのステータスコードです。

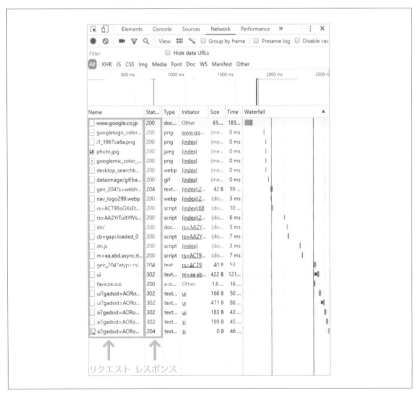

図3.12　Google Chromeのデベロッパーツール

　HTTPレスポンスの詳細を見てみましょう。「www.google.co.jp」をクリックし、[Headers] ボタンをクリックします。するとHTTPレスポンスヘッダの詳細が表示され、リクエストメソッドが「GET」、ステータスコードが「200」であることなどが読み取れます（図3.13）。

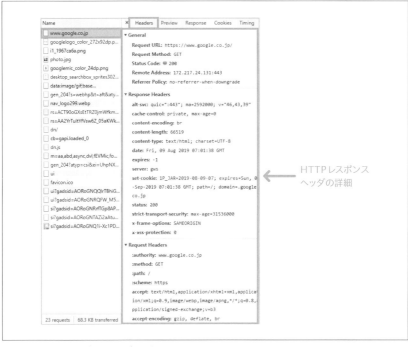

HTTPレスポンスヘッダの詳細

図3.13　HTTPレスポンスヘッダの詳細

## 3.3.2　Cookieとセッション

　**セッション**とは、Webサイトにアクセスして行う一連の行動のことです。ショッピングサイトにアクセスして、カートに商品を入れ購入手続きを行うといった一連の流れを実現している仕組み、というとイメージしやすいでしょうか。

　HTTPはデータの要求と送信を行うステートレスな（「状態」に関する情報を持たない）プロトコルです。ところが先に挙げたショッピングサイトでの行動を実現しようとすると、そのユーザーが何をしたかという「状態」に

関する情報を持つ必要があります。

　そこで使われるのが**Cookie**（クッキー）です。Cookieとは、Webサイトを閲覧したユーザーの情報を一時的に保存する仕組みのことであり、サーバーが送信した情報をクライアントが保存し、2回目以降のアクセスの際にその情報をクライアントからサーバーに送ります。これによって再訪問したときにユーザーを特定することができるため、ユーザーの閲覧特性に合わせた広告を出したり、サイトの機能に対する設定を保存しておいたりして、Webサイトの利便性を高める役割にも用いられます。

　セッションを実現するためには、Webサイトにアクセスした際に、**セッションID**という一意のIDが割り当てられます（図3.14）。このセッションIDを使って「このユーザーは誰か」という情報を特定し、商品を追加したなどの情報はセッションIDに対応したセッション変数に記録されます。「Cookieにセッション情報を記録しておき、実際の値（セッション変数の情報）はサーバー側で管理する」といった方法が広く用いられています。

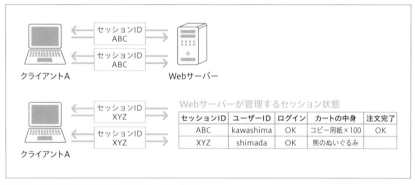

図3.14　セッションIDを利用したセッション管理

### 3.3.3 ◦ 認証

　**認証**とは、コンピューターやシステムを使用する際に必要な本人確認のことです。例えば、パソコンの電源を入れて利用開始する際に、**IDとパスワード**を入力してログインしていると思います。これはパソコンが第三者に勝手に使われてしまわないために必要なことです。システムを使用する際に必要な認証も同じことで、第三者に勝手に使われたり見られたりしないために認

証という仕組みがあります。

　Webにおける認証は、個人ごとの情報にもとづいてサービスを利用するためにあるものです。IDとパスワードによって認証するものが大半ですが、最近は**多要素認証**（MFA）といって、IDとパスワードの他に、一時的に発行される**ワンタイムパスワード**の入力を求めるものもあります。認証の要素を増やすことで、よりセキュリティを高くしているということです。ワンタイムパスワードには、SMSで携帯電話に送信されるものや、専用のワンタイムパスワード生成ソフトウェアを使うもの、物理的なハードウェアトークンと呼ばれる機械に表示されたものを使用するものなど、いろいろな種類があります。

　また、ある特定のサービスの認証情報を使って、他のサービスにもログインできる**認可**という仕組みもあります。例えば、InstagramはFacebookの認証情報でもログインすることができます。これに使われているのが**OAuth**（オーオース）と呼ばれる技術です。

### 企業システムでの例

　かつて、企業の社内システムなどではシステムごとにIDとパスワードのデータベースを持っていることがほとんどでした。しかし最近では、**Active Directory**や**LDAP**といわれる**認証基盤**とシステムとが連携し、1つのIDとパスワードがあればどの社内システムにもログインができる、ということができるようになりました。

　もちろん、システムごとに「アクセスできる／できない」といった制御も必要です。会計担当者しかアクセスできない会計システムに一般社員がログインできないようにしたり、人事部門の社員や一部の管理職が閲覧可能な人事情報と一般社員が閲覧可能な人事情報を分ける、といったことも、これらの仕組みによりきちんと制御できるようになっています。

### メール送信プロトコル（SMTP）での例

　メールを送信するプロトコルであるSMTPでは、かつてはメールを送信するための認証の仕組みがありませんでした。このことはスパムメールが大量に発生した原因の1つであり、その対策として**SMTP Auth**という「メールを

送信する前に認証によって本人確認をする」という仕組みができました。

　ところがこの仕組みはあとからできたものなので、すべてのメールサーバーが対応するためには時間がかかります。そこでSMTP Auth実装の過渡期のために、メールを受信するプロトコルであるPOPの認証を利用して、POP認証に成功した場合にメール送信を許可する**POP before SMTP**という仕組みも作られました。

　現在ではSMTP Authが標準的に使われていますが、POP before SMTPもなくなったわけではなく、一部では引き続き使われています。

　また、メールは人間が送るとは限らず、システムが自動的にメールを送る場合もあります。古いシステムの一部には、SMTP Authに対応しておらずそのままではメールが送れなくなってしまうといったことがあります。この場合、対象のシステムが動いているサーバーのIPアドレスからのメール送信を受け付けるよう、メールサーバー側に設定することで回避しているケースがあります。もちろん推奨される対応ではないので、根本的な解決としてはシステムの改修が求められるところです。

### 3.3.4 新しい技術：HTTP/2 ／ Ajax ／ Web API

　インターネットが生まれ今日までの間に、Webに対する要求が変わってきて、そのような時代の要請に合わせる形でWebのテクノロジーも進化してきました。

#### HTTP/2

　その一例が、2015年2月に正式承認された**HTTP/2**というHTTPの新しい規格です。HTTP/2は、HTTPのメジャーバージョンアップとして企画されたプロトコルで、元になっているのはGoogleが中心となって開発した**SPDY**というプロトコルです。

　HTTPの初期バージョン（HTTP/0.9）が作られたのは1990年のことで、現在も広く使われているHTTP/1.1が作られたのも1997年と、20年以上も前のことになります。しかしHTTP/0.9以降、「1つのリクエストに対して1つのレスポンスを返す」という基本構造はずっと変わらずにいました。

HTTP/1.1では同時に複数のリクエストを送ることができるようになりましたが、「1つのリクエストに対して1つのレスポンス」という基本構造はそのままです。そのため、HTMLファイルと複数の画像ファイルで構成されたWebページを表示する際にも、1ファイルずつGETリクエストを送る必要があったのです。

これを含め、HTTP/1.1の仕様には以下に挙げるようないくつかの問題がありました。

・一度に1つのファイルしか取得できない：JavaScript、CSS、画像など多数のリソースを利用するHTMLのロードに時間がかかる。複数のコネクションを作成して転送を行う方法が利用されているが、接続数上限があるのと、オーバーヘッド（付加的に発生する処理）が大きい
・プロトコルがテキストベース：テキストからのパース（プログラムで扱えるようなデータへの変換）に時間がかかる
・ファイル取得のたびにほぼ同じHTTPヘッダを送受信する必要がある：同じ内容を送受信する分、オーバーヘッドが大きくなる

これらの問題点を受け、HTTP/2は従来のHTTPとの互換性を保ちながら、新たな転送手段を提供することで既存の問題点を解決し、より少ない通信量でより迅速にやりとりを行えるように設計されました。HTTP/2では1つのコネクション内で複数のコンテンツを並列に転送できるようにすることで、HTTP/1.1と比較して効率のよいプロトコルとなっています。HTTP/1.1とHTTP/2の通信の違いを図にすると、図3.15のようになります。HTTP/2では、index.htmlを取得したあと、その構成ファイルに対するクライアントからのリクエストやサーバーからのレスポンスが並列に行われているのがわかります。

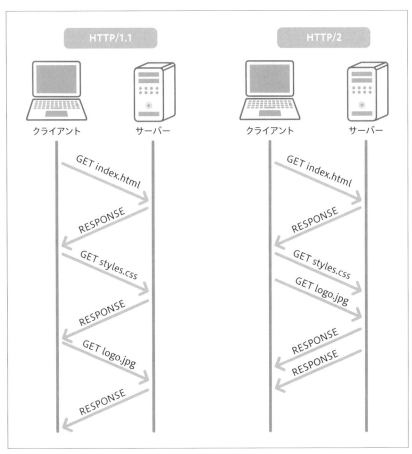

図3.15 HTTP/1.1とHTTP/2の違い

　HTTP/2の仕様には、TLSにより暗号化された通信（h2）と平文の通信
（h2c）の2つが定められていますが、Firefox、Chrome、Edgeなどの主要
なブラウザはh2のみをサポートし、h2cをサポートしていません。サーバー
側の実装は、Apache、nginx、H2Oなどの主要なサーバーにおいてはh2c
もサポートされていますが、これはリバースプロキシ（「6.2.5 リバースプロ
キシ」参照）とWebサーバー間でh2cによる平文のHTTP/2でやりとりす
ることを考慮していると考えられます。クライアントとサーバー間の通信に
おいてはh2が事実上の必須要件になることから、HTTP/2によるWebコン
テンツ配信を行うためにはSSL/TLSが必須といえるでしょう。

### Ajax

　また、Webの利便性を高めたものとして知られているものに**Ajax**という
プログラミング手法があります。

　これは、**XMLHttpRequest**という「既に読み込んだページからさらにHTTP
リクエストを発することで、ページ遷移することなしにデータを送受信でき
る」機能を提供する技術を使っています。これを使用して利便性を高めた代
表的なWebアプリケーションがGoogleマップ（https://google.com/
maps）です。Googleマップはマップを移動したり拡大縮小したりしてもペー
ジが切り替わることなく、必要な場所だけが動くようになっています。そ
れまで1つの操作ごとにページの再読み込みをしていたので、Ajaxによって
Webアプリケーションの利便性は大きく高まることとなりました。

　またXMLHttpRequestでは非同期な通信は実現できたものの、サーバー
側からプッシュ通信をするなどの双方向通信は難しいといった面があり、そ
の点を解決するために**WebSocket**と呼ばれる技術も生まれました。

### Web API

　また近年は各社のWebアプリケーションの機能が**Web API**として提供さ
れるようになりました。Web APIはユーザーの操作によらずWebアプリケ
ーションが他のWebアプリケーションを操作するためのインタフェースで
す。

　Web APIの例は無数にありますが、例えば「緯度・経度情報を送信する
とその地点の天気予報の情報が取得できるWeb API」や、「チェックインア
プリで現在地にチェックインすると同時にTwitterにも投稿してくれるWeb
API」などが挙げられます。また、Web APIを使って複数のWebアプリケ
ーションを組み合わせることにより新しい価値を生み出す**マッシュアップ**と
いった手法も生まれるようになりました。

　はじめは情報共有の手段として生まれたWebでしたが、時代の進展によ
りそのフィールドは大きく広がったといえるのではないでしょうか。

# Chapter 4

ネットワーク機器の種類

# 4.1 ─────────────── つなぐためのネットワーク機器

### 4.1.1 ○ ルーター

　はじめに、ルーターについて解説していきましょう。ここまで何度か出てきたように、ルーターの役割は簡単にいうと「ネットワークとネットワークをつなぐこと」です。それでは、より具体的にいうとどのようなことをしているのでしょうか。

　まずは家庭や小規模なオフィスにおけるルーターを例として、その役割について解説していきましょう。家庭や小規模なオフィスにおけるルーターは、複数のコンピューターで1つの回線を共用する機能を提供します（図4.1）。

　1台のコンピューターを直接回線に接続してしまっては、そのコンピューターしか外部のネットワークに接続することができません。複数台のコンピューターはもちろん、場合によってはスマートフォンやタブレットなどもルーターによって回線を共用します。

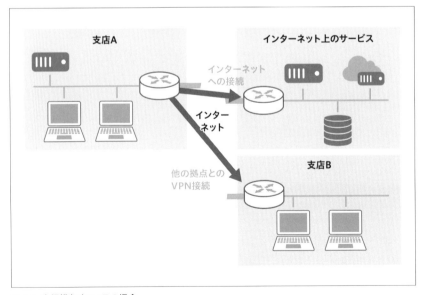

図4.1　小規模なオフィスの場合

ルーターへの接続方法は有線LANだけでなく無線LANの場合もあります。よくショップに行くと「無線LANブロードバンドルーター」といったようなものが販売されていることがありますが、これはまさに回線を共用する機能を提供しているものです。

回線で接続する外部のネットワークとしては、まずインターネットが挙げられます。また、小規模なオフィスも、多くの拠点を持つ会社の1拠点であるような場合は、他の拠点とVPNで接続している場合もあります。

また、ルーターはDHCP（Dynamic Host Configuration Protocol）サーバー（「2.2.1 IPアドレスを読みとく」参照）の機能を持っており、決められた範囲の中でコンピューターにIPアドレスを割り当て、重複が起きないよう管理しています。ネットワークによっては、DHCPサーバー機能を使わずすべてのIPアドレスを手動で設定して管理している場合もあります。

## 4.1.2 ○ スイッチ

L7スイッチはこれに加えて、アプリケーション層の中身まで解析してデータの分散配送を行っています。特定のユーザーとサーバーの接続（セッション）を維持する機能は、L7スイッチが実現しています。システムによっては複数のサーバーが用意されていて、特定のユーザーとの通信を一定期間継続して行う必要があるものがあります。例えばWebサイトでのショッピングなどです。こういった場合でも違うサーバーに接続されて不整合が生じないようにするのがL7スイッチの役割の1つです。

# まもるためのネットワーク機器

## 4.2.1 ファイアウォール・UTM

まもるためのネットワーク機器として代表的なものがファイアウォールです。ファイアウォールはネットワークの結節点となる場所で、通過させてはいけない通信を遮断するシステムです。ファイアウォールについては「7.3.1 ネットワーク機器やサービスを使った防御」で詳しく説明します。

そのファイアウォールが発展する形でできたのが**UTM**（Unified Threat Management）です（図4.2）。UTMとは、ファイアウォール、VPN、アンチウイルス、IDS/IPS（「4.2.3 IDS/IPS」参照)、コンテンツフィルタリング、アンチスパム、アプリケーションコントロールといった機能を1台の機器にまとめて提供しているものであり、「セキュリティアプライアンス製品」などとも呼ばれます。

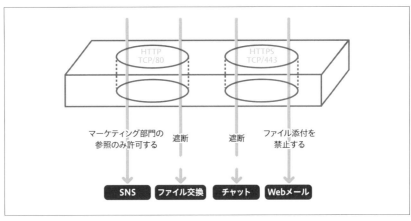

図4.2 UTM

ファイアウォールの機能自体は現在においても有用なものですが、より多面的に脅威に対応するため生まれたのがUTMです。さらに最近のUTMには、通信をアプリケーション単位で制御する機能を持つものもあります。例を挙げると、以下のような動作をするものです。

・Webサイトとユーザー属性にもとづく通信の制御：例）SNSについて、マーケティング部門の参照と投稿を許可し、他部門の参照と投稿は禁止する
・Webサイトと行動にもとづく通信の制御：例）Webメールでのファイル添付を禁止する
・Webブラウザを使わないHTTP／HTTPS通信の制御：例）チャットソフトやファイル交換ソフトの通信を遮断する

このような機能が登場した背景には、近年、多くのアプリケーションがWebベースで動作するようになったことや、Webアプリケーション以外でも通信にHTTP／HTTPSを利用しているケースが増えてきたことがあります。そのため、従来のプロトコルベースのパケットフィルタではできない制御を行ってセキュリティを高める必要が出てきたのです。

多様化してきたWebアプリケーションの通信は、従来のパケットフィルタから見ればすべて「TCP/80またはTCP/443」という通信になります。UTMはより細かいアプリケーション単位での制御、例えば「操作やユーザー属性にもとづいた制御」を実現するために、パケットを見て「これは何のアプリケーションのどういった通信なのか」を判断する機能を持っているのです。

## 4.2.2 WAF

**WAF**（Web Application Firewall）は、Webサイトの前段に配置することで、WebサイトおよびWebアプリケーションなどを狙った攻撃を防御するセキュリティ対策です。

WAFで防御できる主な攻撃には、「7.2.2 情報セキュリティにおける脅威と攻撃の手法」で紹介するSQLインジェクションやクロスサイトスクリプテ

ネットワーク機器の種類

Section 2 まもるためのネットワーク機器

ィング、パスワードリスト攻撃などが挙げられます。

WAFの種類には以下のようなものがあります。

### アプライアンス型WAF

ハードウェアアプライアンスを設置するタイプのWAFです。

### ソフトウェア型WAF

サーバーにソフトウェアをインストールして動作させるタイプのWAFで
す。Webサーバーに直接インストールして動作させるものと、Webサーバ
ーとは別のサーバーにインストールしてリバースプロキシ（「6.2.5 リバース
プロキシ」で後述）として動作させるものとがあります。

### クラウド型WAF

クラウドサービスとして提供されるタイプのWAFです。Webサイトへの
アクセスは、いったんクラウド型WAFを経由してからWebサーバーに到達
するようになります。

### WAF利用時の注意

どのWAFでも共通していえることは、導入に際して事前検証をしっかり
行うことが重要だということです。導入後も、「アプリケーションが正常に動
作するか」「レスポンスなどに問題はないか」などを確認する必要があります。

ベンダーから購入する（またはサービス契約をする）場合は、本導入の前
に事前検証に協力してくれるかどうかを確認するのがよいでしょう。

## 4.2.3 IDS/IPS

IDS（Intrusion Detection System：不正侵入検知システム）と IPS
（Intrusion Prevention System：不正侵入防止システム）は、いずれもネッ
トワークにおける不正侵入を検知・防御するために用いられるシステムです
（図4.3）。どちらも、保護対象に対しての侵入を検知するために使われてい
ますが、システムの役割を「検知」「通知」「防御」の3つに分けて考えると、

IDSは「検知」と「通知」を行い、IPSは「検知」と「通知」と「防御」を行うものだといえます。なお、現在はこの2つはほとんど区別されておらず、**IDS/IPS**などと併記されることも多いです。

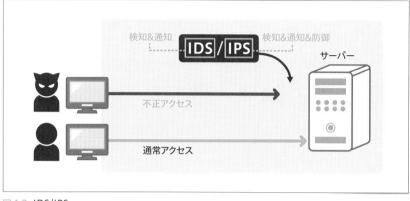

図4.3 IDS/IPS

IDS/IPSの検出方法には、**シグネチャ型**と**アノマリ型**の2種類があります。シグネチャ型とは、既知の攻撃パターンなど異常な通信のパターンをデータベースとして保持しておき、通信の内容が一致した場合に不正と判断する検知方法です。アノマリ型はその逆で、正常な通信のパターンをデータベースとして保持しておき、「通信の内容が正常でない」と疑われる場合に「不正」として判断する検知方法です。

シグネチャ型は異常なパターンのマッチングを行うので誤検知が少ない一方、データベースに登録されていない不正アクセスのパターンは検知できない点がデメリットです。一方アノマリ型は、未知の攻撃に対してもある程度検知できるメリットがある一方で、シグネチャ型と比べると誤検知が多くなりがちという点がデメリットとなります。

このようにそれぞれの方式にはメリット／デメリットがあるので、攻撃によってどちらの方式を採用すべきか、遮断すべきか通知にとどめておくべきかなどがIDS/IPSの運用のポイントとなります。まずは「検知」「通知」のみで動かしログを収集した上で、攻撃パターンごとに「防御」するか「通知」にとどめるかなどチューニングをして実運用のフェーズに移っていきます。

### 4.2.4　それぞれの関係性

最後に、ここまでに登場したファイアウォール・IDS/IPS・WAF・UTM のそれぞれの関係性についてまとめておきましょう。

ファイアウォールはレイヤー3／レイヤー4レベルで防御を行う基本的なセキュリティシステムであること、IDS/IPSはよりアプリケーション寄りの防御を主とすることなど、それぞれの特性が違います。そのため、必要に応じて併用するのがよいとされています。具体的には、

・ファイアウォールは最も基本的なセキュリティシステムとして必ず用いる
・IDS/IPSは必要に応じて利用するかしないかを決めていく

とするのがよいでしょう。また防御対象がWebアプリケーションとはっきり定まっている場合、Webアプリケーションの防御に特化したWAFを併用することも視野に入れるべきでしょう。

UTMは、それまで個々の機器で提供されていた機能を統合したものですが、ファイアウォール・IDS/IPSについては搭載しているものが多い一方で、WAFを含むものは多くありません。

## 4.3

# ソフトウェアで操作するネットワーク

### 4.3.1　SDN

**SDN**（Software Defined Network）とは、ソフトウェアによって柔軟に定義することができる「ネットワークを作る技術」もしくはそのようなコンセプトのことをいいます。

これまでの章でも登場したように、物理的なネットワークでは、ネットワ

ーク機器やサーバーの追加、ネットワーク構成の変更などの際に、実際に機器を設置したり、ケーブルを抜き差ししたりといった作業が必要です。そして、ルーターやスイッチ、ファイアウォールなどの設定も、それぞれ変更する必要が生じます。

　SDNでは、**SDNコントローラー**と呼ばれるソフトウェアによって、論理的なネットワークを1カ所で集中管理することをコンセプトとしています。ネットワークを1カ所でまとめて管理することで、個別の機器をいちいち設定する必要が減り、効率がよくなります（図4.4）。

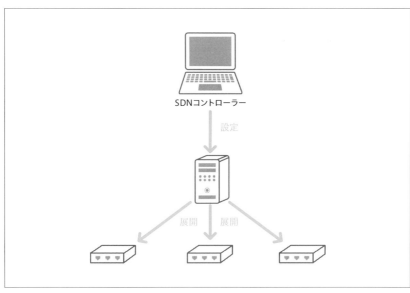

SDNコントローラー

設定

展開　　展開

図4.4　SDNとSDNコントローラー

## OpenFlow

　SDNの具体的な実装として広く知られている技術の1つが**OpenFlow**です。既存のネットワーク機器では、経路のコントロールとデータ転送が1つのネットワーク機器に実装されています。それぞれのネットワーク機器が設定にもとづいて経路のコントロールとデータ転送を行うことは、「部分的な障害には強い」というメリットがある一方、「ネットワーク全体から見た経路選択や統合的な管理が難しい」という問題点を抱えています。

　OpenFlowは、経路のコントロールを行うOpenFlowコントローラーと、

実際のデータ転送を行うOpenFlowスイッチの2つによって構成されており、ネットワーク全体から見た経路選択や統合的な管理を実現しようというものです。

　OpenFlowの実装方式には、図4.5に示すように「オーバーレイ方式」と「ホップバイホップ方式」の2種類があります。

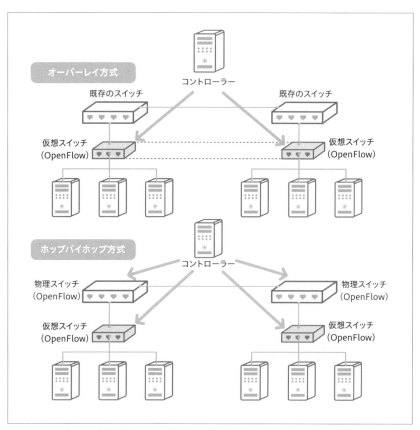

図4.5　OpenFlowの実装方式

　オーバーレイ方式は、仮想サーバーをOpenFlow対応の仮想スイッチで接続し、物理サーバーをまたいだ仮想LANを構成するというものです。既存のネットワーク機器などを活用しつつ導入できるというメリットがある一方で、ネットワーク全体を見た細かい経路制御などができないというデメリットがあります。

ホップバイホップ方式はネットワーク機器もOpenFlow対応のものを利用することでOpenFlowの目指すフル機能が活用できることを目的とするものです。OpenFlowに対応したネットワーク機器でネットワークを構成し、OpenFlowコントローラーが物理ネットワーク機器と仮想スイッチの双方を統合的に制御することで、柔軟にネットワークの経路制御・帯域制御を行うことができます。

OpenFlowは大きなメリットがあるものの、既存のネットワーク技術と比較するとまだまだ発展途上の新しい技術であるため、今後の発展が期待されるところです。

### 4.3.2 SD-WAN

**SD-WAN**は、SDNをLANだけでなくWANにも広げようというものであり、ソフトウェアによって自動化された導入と運用が可能なWANのことです。

SD-WANの特徴をまとめると以下の3つとなります。

・ソフトウェアによる集中管理
・新規拠点導入の容易さ
・仮想化基盤やIaaS型クラウドとの親和性

従来のWANは機器ごとに設定を行い接続していましたが、SD-WANはSDNと同様にソフトウェアのコントローラーによる集中管理を目指しているため、単一の管理画面から各種設定が可能になっています。また新しく接続拠点を追加する際にも、現地にネットワークエンジニアが行かずとも導入できるという点も特徴の1つです。

SD-WANはソフトウェアによって構成されているので、VMwareなどの仮想化基盤や、AWSやMicrosoft AzureなどのIaaS型クラウド向けの仮想アプライアンスも用意されており、それらと親和性が高いものとなっています（図4.6）。

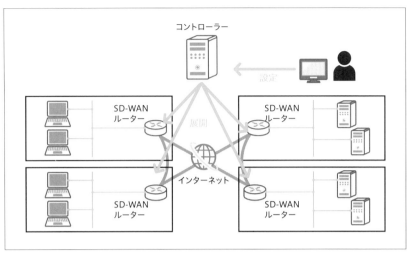

図4.6 SD-WAN

# Chapter 5

インターネットサービスの基盤

# 5.1 クラウドとネットワークの関係

## 5.1.1 クラウドとネットワーク

　クラウド（クラウド・コンピューティング）は、コンピューターの利用形態の1つです。インターネットなどのネットワークを経由してサーバーが提供するサービスを手元のパソコンやスマートフォンで利用するものです。

　コンピューターの世界でクラウド（雲）という言葉が使われるようになったのは、複雑につながりあうインターネットのことを雲に例えて表現したことにはじまります。クラウドサービスは、ユーザーから見てクラウド（雲）の中に各種サービスがあるイメージです（図5.1）。

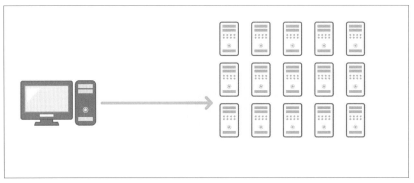

図 5.1　クラウドのイメージ

　ユーザーから見て、クラウドはネットワークの向こう側にあるものです。そのためネットワークについて理解することは非常に重要です。ネットワークがなければ、各種クラウドサービスを利用することができませんし、自分がクラウドサービスを使って何かを実現することもできません。

　またユーザーとサービスがネットワークによって結ばれているだけでなく、クラウドの中でもまたネットワークが存在し、アプリケーションの構成に影響を与えています。これは例えば「Webサーバーがインターネットと接する位置に存在し、インターネットと直接通信できないネットワークを介してDBサーバーにつながっている」といったケースが挙げられます。

またWebサーバーがインターネットと接続する際の帯域をどれだけ持っているかといったような点も重要です。この点はサービスによって違っており、膨大な帯域を共有していて特に制限がなく、伸縮自在のネットワーク帯域を持っているようにイメージさせるところもあります。しかしクラウドといっても実際には物理的なサーバーとネットワーク機器から構成されているものなので、その物理的限界というものは必ず存在します。その物理的限界をいかに意識させないかというところがクラウドサービス事業者の腕の見せ所といえるでしょう。

## 5.1.2 ○ クラウドの種類

クラウドはその提供範囲によっていくつかの種類に分類されます。**IaaS**（Infrastructure as a Service）は、仮想的なコンピューターやネットワークを作り、利用する形態です。**PaaS**（Platform as a Service）は、データベースやアプリケーション実行環境などがサービスとして提供されている形態です。IaaSと組み合わせて利用されることも多いです（図5.2）。

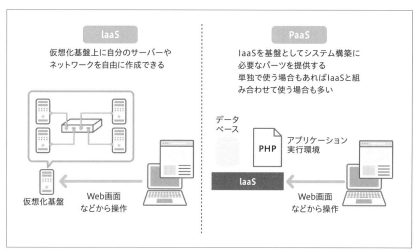

図5.2 IaaSとPaaS

**SaaS**（Software as a Service）は、完成品のソフトウェアをネットワーク経由でサービスとして提供する形態です（図5.3）。

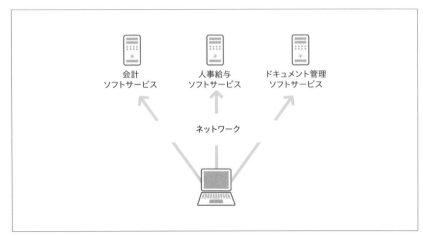

図5.3 SaaS

ソフトウェアを購入して利用する場合との違いをまとめると表5.1のように
なります。

| | 料金体系 | 提供範囲 | 利用方法 | バージョンアップ |
|---|---|---|---|---|
| パッケージ ソフト | 買い切り | ソフトウェアの 使用権 | 用意したパソコンに ソフトウェアをイン ストール | 新バージョンを購入 |
| SaaS | 月額または 年額料金 | ソフトウェアお よびサーバー | インターネット経由 で利用 | 自動的にアップデー トされる |

表5.1 パッケージソフトとSaaSの違い

IaaS／PaaS／SaaSの違いも図5.4に示しておきましょう。

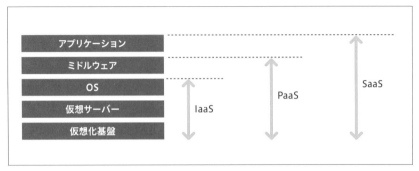

図5.4 IaaS／PaaS／SaaSの違い

### 5.1.3 ○ クラウドの利便性

クラウドがない時代、自分で新しいインターネットサービスをはじめよう
と思ったら、まずサーバーとして使うコンピューターを買うか借りるかしな
ければなりませんでした。初期投資が必要ですし、実際に使えるようになる
まで時間がかかります。またサービスが大きくなった場合にはコンピュータ
ーを増やす必要がありますが、増やしたいときにすぐ増やせるわけではあり
ません。また、サービスをやめるとなった際に所有していたコンピューター
が余剰になってしまいます。クラウドは、以下のようにこれらの問題を解決
しました。

・すぐ使える：ブラウザ上でサーバーの作成ができる、コマンドで自動化す
ることもできる
・使った分だけお金がかかる：初期費用がかからない、時間単位で課金され
る
・簡単に増やせる、簡単に減らせる：所有ではなく利用

また、自分で新しく会社をはじめたとします。会計ソフトや請求書発行ソ
フト、人事ソフトなどを都度購入してインストールするのは大変ですよね。今
ではこれらの多くがSaaSとして提供されており、契約したらすぐ使うこと
ができるようになっています。

このように「所有」から「利用」に変化していったことにより、便利さを
享受できるようになったのですが、先述のとおりクラウドはいずれもネット
ワークの先にあるものです。そのため、クラウドの時代になっても、ネット
ワークを学ぶ意義はあるといえるでしょう。

## 5.2

# クラウドサービスとホスティング・ハウジング

### 5.2.1 世の中のクラウドサービス

それでは、世の中にはどのようなクラウドサービスがあるのでしょうか。ここでは代表的なものについて紹介していきます。もちろんここに挙げた以外にも多くのクラウドサービスが存在しています。

#### Amazon Web Services

**Amazon Web Services**（アマゾン ウェブ サービス、AWS）は、Amazonが提供するクラウドプラットフォーム（IaaS/PaaS）です。ウェブサービスと称していますが、これはAWSが登場した頃はクラウドという言葉が一般的でなかったためで、今日のAWSはウェブサービスに限らない多種多様なプラットフォームサービスを提供しています。非常に多くのサービスがあることで有名で、その中でも代表的なものはEC2（仮想サーバー）、S3（オブジェクトストレージ）、RDS（マネージドデータベースサービス）などがあります。2018年の調査では、AWSの世界的シェアは33%前後であり、第1位となっています。

#### Microsoft Azure／Microsoft 365

**Microsoft Azure**（マイクロソフト・アジュール）は、Microsoftが提供するクラウドプラットフォーム（IaaS/PaaS）です。2018年の調査ではAWSの世界的シェアが33%であるのに対し、13%と世界第2位のポジションについています。また、MicrosoftはAzureの他にも**Microsoft 365**（旧称 Office 365）というMicrosoft Office製品のサブスクリプションサービスを提供しています。Microsoft 365の中ではExchange Server（電子メールホスティングサービス）、SharePoint（ファイルサーバーサービス）なども併せて提供していることからSaaSに分類されます。Microsoftは伝統的にオフィススイートや企業向けサーバーに強く、AzureとMicrosoft 365の売り上げを合算するとクラウドサービスの売り上げは世界1位になります（このためクラウ

ド分野でMicrosoftがAmazonを抜いたという、間違ってはいませんがミスリードを誘うような報道がなされました）。

## Google Cloud Platform

**Google Cloud Platform**（グーグル クラウド プラットフォーム、GCP）は、Googleが提供するクラウドプラットフォーム（IaaS／PaaS）です。Googleが自社のサービスのプラットフォームとして用いているものと同様のものが提供されているのが特徴です。他のクラウドプラットフォームと同様に仮想サーバーやオブジェクトストレージ、マネージドデータベースサービスなどを提供する一方、Kubernetesの開発元であることから、コンテナ向けプラットフォームサービスに強いことで知られています。

## Firebase

**Firebase**は2011年にFirebase社が開発したサービスで、同社はその後2014年にGoogleに買収され、今ではGCPの機能の1つとなっています。mobile Backend as a Service（mBaaS）と呼ばれるサービスで、データベース・ストレージ・メッセージングなどのモバイルアプリケーションに必要な機能を、サーバーを意識せずに使うことができる点が特徴です。

## Heroku

**Heroku**はPlatform as a Service（PaaS）と呼ばれるサービスで、WebサーバーやデータベースなどのWebサービスを公開するために必要なものをすべて、あらかじめ用意してくれるというサービスです。サーバー・OS・データベース・プログラムの実行環境など、Webアプリケーションを公開する上で必要な機能をセットで提供しているのが特徴です。

## Kintone

**Kintone**はサイボウズ社が提供している日本発のPaaSです。難しいプログラミングを行うことなく簡単にアプリケーションを作成することができるのが特徴です。

さくらのクラウド

　日本のクラウドサービス事業者であるさくらインターネットが提供するクラウドプラットフォーム（IaaS）です。仮想サーバーを中心に据えたラインナップと物理インフラをそのままのイメージで仮想化した、視覚的にわかりやすい構成を特徴としています。

## 5.2.2 ホスティング・ハウジング

　ここまで紹介してきたように、現在ではさまざまなサービスがクラウドとして提供されるようになりました。それ以前にもサーバーをレンタルできるサービスはあり、現在も使われています。例えばWordPress（ブログ）やEC-CUBE（ネットショップ）といったアプリケーションを動かすために、レンタルサーバーというものが使われています。この項ではクラウド以前から存在し、現在でも使われているホスティングやハウジングと呼ばれるサービスについて解説していきます。

　**ホスティング**とは、ホスティング事業者がサーバーを保有し、ユーザーに貸し出すサービスの総称です。ホスティングにはレンタルサーバー・専用サーバー・VPS（Virtual Private Server）といったものがあります。

　レンタルサーバーは1台の物理サーバーを複数のユーザーで共用する利用形態です。ユーザーはサーバーのハードウェアリソースだけでなく、サーバーOSも共用します。このためレンタルサーバーではアプリケーションを自分でインストールしたりすることはできなくなっており、レンタルサーバーで提供されているWebサーバーやアプリケーション動作環境やデータベースなどを利用することになります。ユーザーとユーザーの間のデータは論理的に分割されており、他のユーザーのデータは見られないようになっています。

　専用サーバーは1台の物理サーバーを占有できるサービスです。1台まるまる自分のサーバーとして使えるので他のユーザーの負荷影響などを受けず、OSやアプリケーションも自由にインストールすることができます。その代わり費用はレンタルサーバーと比較して高価になります。

　VPSはレンタルサーバーと専用サーバーのいい所取りをしたようなサービスで、1台の物理サーバーを複数のユーザーで共用しますが、仮想化技術に

より仮想的なサーバーを物理サーバーの中にたくさん作っています。そのためVPSで提供される環境は専用サーバーと同じで、OSやアプリケーションを自由にインストールすることができます。

ここまで紹介してきたホスティングサービスは、サービス提供事業者が物理サーバーのハードウェア面の保守・運用を行っています。他にも**ハウジング**といって、データセンター事業者がラック（専用の棚）を貸し出し、その中にユーザーが自分で購入したネットワーク機器やサーバーなどを搭載して、場合によってはネットワーク回線の引き込みもユーザーで行うことができるサービスもあります（データセンター事業者による提供もあります）。

## 5.3 ネットワークとアプリケーション

### 5.3.1 一般的なWeb-DBシステム

ここでは代表的なCMS（コンテンツ管理システム）であるWordPressの環境（図5.5）を例に、ネットワークアプリケーションがどのような構成になっているか見ていきます。

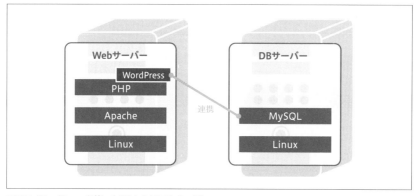

図5.5 WordPressを使ったWebシステムの一例

　WordPressを動かすためには、WebサーバーとDBサーバー、それから
WordPressはPHPというプログラミング言語で書かれているのでPHPの実
行環境も必要です。

## 5.3.2　構成するソフトウェア

### OS

　これらのプログラムを動かすためには、まず基盤となるOSが必要になり
ます。OSには以下のようなものがあります。

　まず**Windows**です。WindowsはMicrosoft が開発しているOSです。パ
ソコン向けで圧倒的なシェアを誇りますが、サーバー用途でもWindows
Server というエディションが用意されています。

　次は**Linux**です。これは主にインターネット向けのサーバー用途に広く使
われているOSです。Windowsと後述のmacOSが企業により開発されてい
るものであるのに対し、非営利のコミュニティによって開発されているのが
特徴です。無償で利用できるもの、企業がサポートを提供する代わりにライ
センスを購入して利用するものなど、いろいろな種類があります。

　OSには他に**macOS**というApple社製のパソコンであるMacシリーズに
搭載されているOSもありますが、かつてはサーバー用途に使われていたこ
ともあったものの、現在はパソコン向けのみになっています。

### Webサーバーソフトウェア

　Webサーバーは、上記のOSにWebサーバーソフトウェアをインストー
ルし、動作させることで機能します。Webサーバーソフトウェアには以下の
ようなものがあります。

　第一に**Apache**が挙げられます。正式名称は「Apache HTTP Server」で
すが、単にApacheと呼ばれることが多いです。世界中で最も多く使われて
いるWebサーバーソフトウェアで、大規模な商用Webサイトから自宅サー
バーまで幅広く利用されています。

　次に挙げられるのは**nginx**でしょう。nginxはApacheよりもあとにでき
た比較的新しいWebサーバーソフトウェアで、高速な動作や機能の豊富さ

などで近年採用事例が増加している Web サーバーソフトウェアです。

他にも IIS というソフトウェアも利用されています。正式名称は「Internet Information Services」であり、その頭文字を取って IIS と呼ばれています。Microsoft 製の Web サーバーソフトウェアで、Windows/Windows Server 上で動作します。

### DBサーバーソフトウェア

WordPress はそのデータの管理に RDBMS（リレーショナルデータベース管理システム）を使用するソフトウェアです。RDBMS として動作する DB サーバーソフトウェアには以下のようなものがあります。このうち、WordPress では MySQL を使用しています。

**MySQL** は世界で最も広く使われているオープンソースの RDBMS として知られています。DB サーバーソフトウェアとしてのシェアでは PostgreSQL などの他のオープンソースの DB サーバーソフトウェアを圧倒しています。

MySQL には派生ソフトウェアも存在し、**MariaDB** は MySQL から独立して開発が続けられている DB サーバーソフトウェアの一例です。また AWS のマネージド DB サービスである Amazon RDS の中で選択可能な RDBMS に **Aurora** というものがありますが、Aurora は MySQL との互換性をうたいつつより高パフォーマンスであることを特徴としています。

**PostgreSQL** は、オープンソースの RDBMS としては MySQL に次ぐシェアを持っている DB サーバーソフトウェアです。MySQL がパフォーマンスを特徴としているのに対し PostgreSQL は信頼性を重視しているとされ、非Web系システムでの採用例も多くあります。近年では分散型ソーシャルネットワークソフトウェアの Mastodon が採用していることでも知られています。

オープンソースではない RDBMS の例としては **Oracle** が挙げられます。Oracle は RDBMS として最大のシェアを持つ商用の DB サーバーソフトウェアです。他にも、**SQL Server** という Microsoft が開発している商用の DB サーバーソフトウェアが多く利用されています。

### プログラミング言語

WordPress は PHP で書かれているソフトウェアですが、Web システムの

開発に使われるプログラミング言語には以下のようなものがあります。

まず**PHP**です。動的なWebページを生成するツールを起源としているプログラミング言語であり、Webアプリケーション開発に有用な機能が豊富に組み込まれているのが特徴です。

次に**Ruby**が挙げられます。日本で生まれたプログラミング言語として有名で、**Ruby on Rails**と呼ばれるWebアプリケーションフレームワークを使うことによって高度なWebアプリケーションの開発に用いられています。

**ASP.NET**はプログラミング言語の名称ではなくWebアプリケーションフレームワークの名称で、プログラミング言語としては**Visual Basic**や**C#**などの主にMicrosoftが提供しているものが利用可能です。

WordPressを動かすために必要なソフトウェアのほか、類似するソフトウェアについて説明してきました。ここでは以下の組み合わせで利用するものとします。

・OS：Linux
・Webサーバーソフトウェア：Apache
・DBサーバーソフトウェア：MySQL
・プログラミング言語：PHP

この組み合わせはWordPressのみならず、動的なWebサイトを構築するためのソフトウェアのセットとして用いられることが多く、Linux - Apache - MySQL - PHPの頭文字を取って**LAMP**などと呼ばれます。

また近年ではWebサーバーソフトウェアとしてApacheの代わりにnginxが使われることも多くなりました。

・OS：Linux
・Webサーバーソフトウェア：nginx
・DBサーバーソフトウェア：MySQL
・プログラミング言語：PHP

Apacheがnginxに代わったソフトウェアのセットは、**LEMP**（レンプ）と呼ばれます。Eはnginxの読みである「エンジンエックス（Engine X）」の「E」を取っているとされています。

　LAMPやLEMPがオープンソースソフトウェア（OSS）中心に構成されたものであるのに対して、主にMicrosoft 製品によって構成されたソフトウェアのセットに**WISA**（ワイサ）と呼ばれるものがあります。

- OS：Windows
- Webサーバーソフトウェア：IIS
- DBサーバーソフトウェア：SQL Server
- プログラミング言語：ASP.NET

　どのOS、どのWebサーバーソフトウェア、どのDBサーバーソフトウェア、どのプログラミング言語を選択するかは、条件によって変わってきます。WordPressではDBサーバーソフトウェアとしてMySQLを、プログラミング言語にPHPを採用しているので、この2つは固定になりますが、OSとWebサーバーソフトウェアについては特に決まりはありません。構築・運用するエンジニアの保有するスキルによって選ぶことが一般的です。

　一からWebアプリケーションを構築する場合も同様で、構築・運用するエンジニアの保有するスキルによって選ばれることが多いです。Microsoft製品に精通したエンジニアが揃っていればWISAを選択することもあります。

　それ以外に挙げられる要素はコストです。商用製品を採用するWISAと比較して、LAMPやLEMPはOSSを使用するのでコストを低減することができます。同様にOSSであるMySQLとPostgreSQLを比較すると、高速性を求める場合はMySQL、信頼性を求める場合はPostgreSQLが選ばれることが多いです。

Chapter 6

ネットワークの設計と構築

# 6.1

# ネットワークの設計・構築でやること

## 6.1.1 システム開発とネットワーク設計・構築の関係

　ネットワークの設計は、そもそもそのシステムが何をするためのものなのかを考えていくところからはじまります。建物を建てるときも、その建物はファミリー向けの分譲マンションなのか、一戸建ての二世帯住宅なのかなど、その用途と規模を決めないとはじまりませんね。

　どんな建物か決まったら、次は間取りや、玄関や駐車場の位置などを決めていきます。建物がシステムだとしたら、ネットワークは道路や通路のようなものかもしれません。例えば、駐車場の出入り口は広くして段差を下げたりするとか、玄関にはスロープを付けたりするなどです。つまり、どういう建物を建てるかを決め、さらに建物の間取りなどを決めて、それに合わせた道路や通路を作っていくという流れになりますね。

　このようにまず大前提にあるのは、「そのシステムが何をするためのシステムなのか？」を考えることです。そこからさらに、どんなネットワークが必要なのかを考えていくことになります。

　システムの構成によって、必要なネットワークの構成も変わってきます。具体的な例を挙げて解説していきましょう。例えば、Webブラウザ上から操作できるスケジュール管理アプリを作りたいとします。ここでは、「WebアプリケーションA」と呼ぶことにしましょう。

　このWebアプリケーションAを自分のいる会社の中でのみ使いたい場合は、社内のLAN上にWebサーバーとDBサーバーを構築して設置します。利用者の規模によっては、WebサーバーとDBサーバーを1台のサーバー上で動かすこともあるでしょう。するとネットワーク構成は図6.1のようになります。

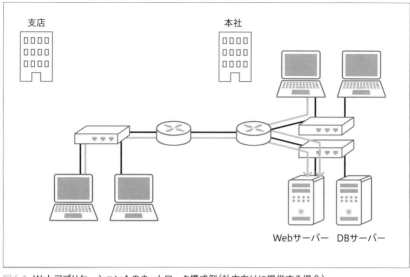

図6.1 WebアプリケーションAのネットワーク構成例（社内向けに提供する場合）

　このWebアプリケーションAをSaaSとして提供して、複数の会社からインターネット経由で利用する場合はどうなるでしょうか。Webサーバーをインターネットに公開し、その一方でDBサーバーはセキュリティの観点から、インターネットを経由せずにWebサーバーと通信させる必要があります。またSaaSとして提供する場合、社内利用よりも負荷がかかり、より高い可用性が求められます。

　そのため、Webサーバーは1台ではなく複数台用意してサーバーにかかる負荷を振り分けたり、DBサーバーも複数台で同じデータを持つようにしてデータの破損が起きないように配慮する必要があります（図6.2）。

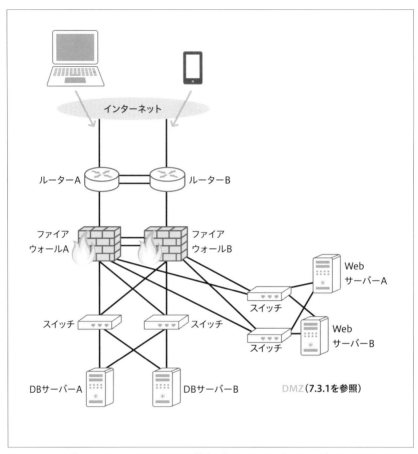

図6.2 WebアプリケーションAのネットワーク構成例（SaaSとして提供する場合）

　このように、どのようなシステムを作り、それがどれくらいの大きさなのかなどによって、必要なネットワークの形が変わってきます。システムの要件に応じたネットワークを決めて作ることが、ネットワークの設計と構築で重要なことといえます。

## 6.1.2 ● ネットワークの設計と構築（物理インフラ編）

　ネットワークの設計における各プロセスは、システムの設計と大きくは変わりません。まず要件定義をして、どのようなシステムを作るか、そのシステムのためにどのようなネットワークを作るかを決めたら、その内容に従って基本設計・詳細設計を行います。

　基本設計では、要件定義で決めた内容をもとに、ネットワークを構築する上での基本的な事項を整理します。詳細設計では、基本設計で整理した内容をベースに「どのような機器（サービス）を使って作るか」といった実装方式の詳細を詰めていきます。これらの設計は設計レビューを経てブラッシュアップされた後、構築のフェーズに入ります（図6.3）。

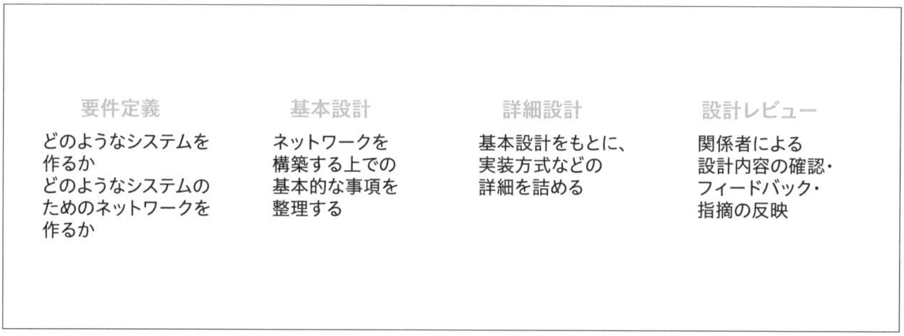

要件定義
どのようなシステムを
作るか
どのようなシステムの
ためのネットワークを
作るか

基本設計
ネットワークを
構築する上での
基本的な事項を
整理する

詳細設計
基本設計をもとに、
実装方式などの
詳細を詰める

設計レビュー
関係者による
設計内容の確認・
フィードバック・
指摘の反映

図6.3 ネットワーク設計のフロー

　ネットワークの構築について、前の項で触れたスケジュール管理アプリ「WebアプリケーションA」をSaaSとして提供する場合のネットワーク構築を例に、もっと詳しく見ていきましょう。

　あなたはデータセンターにラック（専用の棚）を借り、サーバーやネットワーク機器を購入し、インターネット回線の契約もしました。まさにゼロからITインフラを構築していくという状態にあると思ってください。

　大まかにネットワークの構成が決まったら、それをネットワーク構成図にしてみましょう。図にすることで具体的なイメージがわいてきますし、より細かいところも決めて作業がしやすくなります。

　ネットワーク構成図には、物理設計図と論理設計図があります。物理設計図には、ネットワーク機器のポートごとにどこと接続するかを記したポート表や、ラックのどの位置にどの機器を入れるかを記したラック図、ケーブルの接続先・種類・色などの情報をまとめるケーブル結線表などがあります（図6.4）。物理設計図に従って、ネットワーク機器やサーバーをラックにマウントし、ネットワークケーブルや電源ケーブルなどの配線を行っていきます。

---

**ラック図**

ラックのどの位置に
機器を入れるか決める

| ルーターA |
| :--- |
| ルーターB |
| スイッチA 1 |
| スイッチA 2 |
| スイッチB 1 |
| スイッチB 2 |
| ファイアウォールA |
| ファイアウォールB |
| W e bサーバーA |
| W e bサーバーB |
| D Bサーバー A |
| D Bサーバー B |

**ポート表**

ネットワーク機器のどのポートにどこと接続するかまとめる

| ポート番号 | 接続先 |
| :--- | :--- |
| Port01 | サーバーA　Eth0 |
| Port02 | サーバーB　Eth0 |
| Port03 | … |
| … | |

**ケーブル結線表**

ケーブルの接続先、種類、色などの情報をまとめる

| | | | ケーブル種類 | 色 |
| :--- | :--- | :--- | :--- | :--- |
| スイッチA 1 | サーバーA | | Cat6 UTP | 青 |
| スイッチA 1 | サーバーB | | Cat6 UTP | 赤 |
| スイッチA 2 | サーバーA | | Cat6 UTP | 青 |
| スイッチA 2 | サーバーB | | Cat6 UTP | 赤 |

図6.4　物理設計図の例

　論理設計図では、ネットワーク回線のLANの間のルーティングやファイアウォールルールの設定、アドレッシングなどを行い、それらを図に描いていきます（図6.5）。

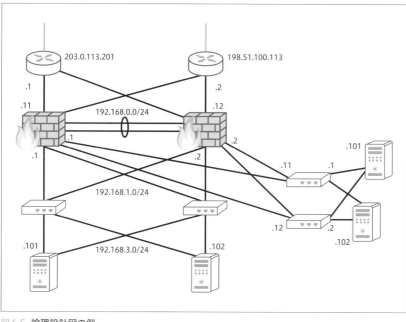

図6.5 論理設計図の例

　ラックマウントした機器に対して現地でネットワークの設定を行っていく場合もありますし、あらかじめネットワークの設定がなされた機器をデータセンターに送って、現地では動作確認のみ行う場合もあります。

### 実習 ネットワークを設計してみよう（物理編）

　本文ではWebサービスのネットワーク設計について紹介しましたが、この実習では、会社の拠点間ネットワークの設計をやってみることにしましょう。Part 1で学習した知識があれば大丈夫です。

まず、図6.6の①と②に、どのような機器が入るか埋めてみましょう。①と②にはそれぞれ同じ機器が入ります。

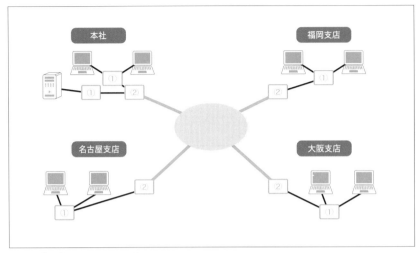

図6.6 ①と②に機器を記入しよう

正解は、図6.7のように①が「L2スイッチ」、②が「ルーター（L3スイッチ）」となります。

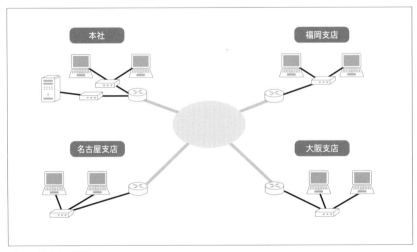

図6.7 図6.6の解答

続いて、IPアドレスを割り当てていきましょう。192.168.0.0/24のネ

ットワークセグメントを5つに分割して割り当てます。割り当てる必要がある
ネットワークセグメントと利用するIPアドレス数の目安を表6.1に示します。

| 拠点名 | 利用台数の目安 | ネットワークセグメント |
|---|---|---|
| 本社(パソコン用) | 50台 | |
| 本社(サーバー用) | 20台 | |
| 名古屋支店 | 50台 | |
| 大阪支店 | 40台 | |
| 福岡支店 | 15台 | |

表6.1 ネットワークセグメントと台数の目安表

　29台割り当て可能な/27のセグメントを2つ、61台割り当て可能な/26の
セグメントを3つ用意して、表6.2のように割り当てます。

| 拠点名 | 利用台数の目安 | ネットワークセグメント |
|---|---|---|
| 本社(パソコン用) | 50台 | 192.168.0.0/26 |
| 本社(サーバー用) | 20台 | 192.168.0.192/27 |
| 名古屋支店 | 50台 | 192.168.0.64/26 |
| 大阪支店 | 40台 | 192.168.0.128/26 |
| 福岡支店 | 15台 | 192.168.0.224/27 |

表6.2 ネットワークセグメントを設定する

　IPアドレスを割り当てたので、今度は各拠点のルーターのルーティングテー
ブルを決めていきます。各拠点ともデフォルトゲートウェイはインターネ
ットを向いていることとし、デフォルトゲートウェイ以外の各拠点間が通信
できるようにスタティックルートを決めていきます。
　WAN側のIPアドレスは表6.3のとおりとします。

| 拠点名 | IPアドレス |
|---|---|
| 本社 | 10.0.0.1 |
| 名古屋支店 | 10.0.0.2 |
| 大阪支店 | 10.0.0.3 |
| 福岡支店 | 10.0.0.4 |

表6.3 WAN側のIPアドレス

各拠点から見たときに、外にあるネットワークセグメントはどれかがわかれば、埋めることができるはずです。

| ネットワークアドレス | サブネットマスク | ネクストホップ |
| --- | --- | --- |
| 192.168.0.64 | 255.255.255.192 | 10.0.0.2 |
| 192.168.0.128 | 255.255.255.192 | 10.0.0.3 |
| 192.168.0.224 | 255.255.255.224 | 10.0.0.4 |

表6.4 本社のIPアドレスリスト

| ネットワークアドレス | サブネットマスク | ネクストホップ |
| --- | --- | --- |
| 192.168.0.0 | 255.255.255.192 | 10.0.0.1 |
| 192.168.0.192 | 255.255.255.224 | 10.0.0.1 |
| 192.168.0.128 | 255.255.255.192 | 10.0.0.3 |
| 192.168.0.224 | 255.255.255.224 | 10.0.0.4 |

表6.5 名古屋支店のIPアドレスリスト

| ネットワークアドレス | サブネットマスク | ネクストホップ |
| --- | --- | --- |
| 192.168.0.0 | 255.255.255.192 | 10.0.0.1 |
| 192.168.0.192 | 255.255.255.224 | 10.0.0.1 |
| 192.168.0.64 | 255.255.255.192 | 10.0.0.2 |
| 192.168.0.224 | 255.255.255.224 | 10.0.0.4 |

表6.6 大阪支店のIPアドレスリスト

| ネットワークアドレス | サブネットマスク | ネクストホップ |
| --- | --- | --- |
| 192.168.0.0 | 255.255.255.192 | 10.0.0.1 |
| 192.168.0.192 | 255.255.255.224 | 10.0.0.1 |
| 192.168.0.64 | 255.255.255.192 | 10.0.0.2 |
| 192.168.0.128 | 255.255.255.192 | 10.0.0.3 |

表6.7 福岡支店のIPアドレスリスト

## COLUMN

実際の構築で苦労すること：本文では、1つのネットワークを完全に新規構築する例について説明しましたが、実際には既存のネットワークとの接続や、複数のネットワークを同時に構築しなければならないケースなどもあります。

筆者はかつて、1つのシステムに対して3つのネットワーク（本番用・災害対策用・開発用）を構築し、それぞれが相互に通信するという要件を持った案件を経験しました。

本番構築の前に、ネットワーク機器やサーバーを用意して設計どおりの通信が行えるかテストをする必要があるのですが、既存のネットワークと接続する要件があることから、代わりのネットワーク機器を用意する必要がありました。これがかなりの台数を用意する必要があり、確保に非常に苦労しました。

また、各ネットワークは相互に通信するという要件があったのですが、それぞれのネットワークが直接接続されているわけではなく、既存のネットワークを経由して通信する要件のため、結合テストを行うために3つのネットワークを同時に動かす必要がありました。それまではネットワーク機器の台数の都合上1ネットワークずつ動かしていましたが、結合テストのために必要な既存ネットワーク用の機器が3倍になり、これもまた確保しなければなりませんでした。

また、ネットワークの構築にあたり、一部の機器は別の業者が構築することになっており、その部分が絡むテストを行うこともなかなか大変な作業の1つでした。

このように、実際のネットワーク構築案件はこの本で紹介する内容よりもずっと複雑になることがあります。

## 6.1.3 ネットワークの設計と構築（クラウドサービス編）

　ここまで、物理的な作業を伴うネットワークの構築について説明してきました。今度は、クラウド（IaaS）を使って同じようにネットワークを構築していく場合について見ていきましょう。ここでは世界最大手のクラウド事業者であるAmazon Web Services（AWS）上に、先ほどと同等のシステムを構築する場合を例に説明します。

　IaaSでは、事業者が構築した仮想化基盤上にシステムを構築していきます。サーバーもネットワークも、仮想的なものとして作られます。物理の場合は人間が機器の設置・初期設定などを手作業で行いますが、クラウドでは機器の設置に代わるものとしてインスタンス（AWSでは仮想サーバーのことを

「インスタンス」と呼びます）の作成、初期設定など、ありとあらゆる操作が
Webブラウザ上のコントロールパネルからできるようになっています。

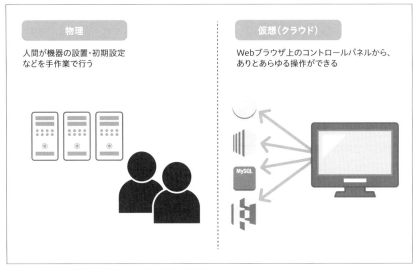

図6.8 仮想化基盤上におけるシステム構築の特徴

IaaS上にシステムを構築していく流れは以下のとおりです。

① サブネットの作成
② 仮想サーバーの作成
③ セキュリティグループの設定
④ Elastic IPの設定

順を追って、それぞれ詳しく見ていきましょう。

①サブネットの作成（パブリックサブネット・プライベートサブネット）

　AWSでは**サブネット**という単位でネットワークセグメントを分けて作成
していきます。具体的には、インターネットに公開するサーバーを置くサブ
ネット（**パブリックサブネット**）と、インターネットに公開しないサーバー
を置くサブネット（**プライベートサブネット**）を作成します。

　可用性を考え、各サーバーを2つの**アベイラビリティゾーン**（データセン

ターに相当）に分けて配置するので、各アベイラビリティゾーンにパブリックサブネットとプライベートサブネットの2つ、つまり合計では4つのサブネットを配置することになります。

### ②仮想サーバー（インスタンス）の作成

AWSでは仮想サーバーのことを**インスタンス**と呼びます。ここでは**EC2**というサービスを使って、Webサーバーのインスタンスを作成します。また、**RDS**というDBサーバー専用のインスタンスが作れるサービスもあるので、DBサーバーのインスタンスはこちらを使って作成します。

### ③セキュリティグループの設定

AWSには、**セキュリティグループ**というサーバーにひも付けるファイアウォールのようなものがあります。必要なポートだけ外部からの通信を通すように作成し、インスタンスに割り当てます。

### ④Elastic IPの設定

**Elastic IP**とは、インスタンスにひも付ける固定のグローバルIPアドレスです。外部に公開するWebサーバーのインスタンスに設定します。

仮想化基盤上に作成するものなので、物理的な作業が発生しません。設定作業はブラウザ上で完結します。コマンドや定義ファイルを用いることで定型化・自動化することもできます。

クラウドは非常に便利なものですが、前述したような物理的なシステム・ネットワークの仕組みや原理原則を理解しておくことで、より幅広く対応するエンジニアになることができるでしょう。

## 実習 ネットワークを設計してみよう（クラウド基礎編）

先ほど「①サブネットの作成」で、このシステムでは合計4つのサブネットが必要だと説明しました。それでは実際にどのようにサブネットを配置するのか、図6.9を見ながら考えてみましょう。

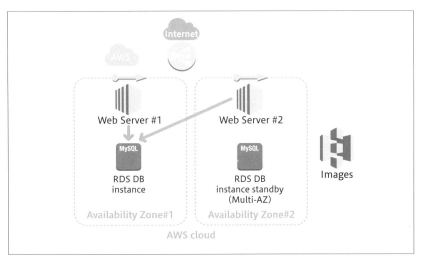

図6.9 AWS上の構成図

　各アベイラビリティゾーンにWebサーバー（パブリックサブネットに配置すべきインスタンス）とDBサーバー（プライベートサブネットに配置すべきインスタンス）があるので、それぞれのアベイラビリティゾーンにパブリックサブネットを1つ、プライベートサブネットを1つ配置し、システムとしては合計4つのサブネットを作成します（図6.10）。

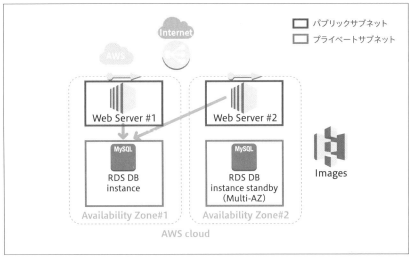

図6.10 サブネットを作成する

## 実 習 ネットワークを設計してみよう（クラウド応用編）

続いては、ネットワークセグメントを割り当ててみましょう（図6.11）。

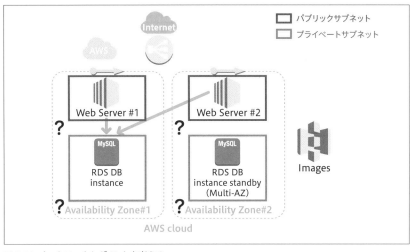

図6.11 ネットワークセグメントを考える

ここでポイントになるのは、それぞれのサブネットは独立している必要があるということです。例えばこのようになります（図6.12）。

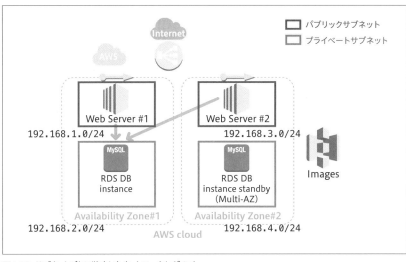

図6.12 サブネットごとに独立したネットワークセグメント

1つのネットワークセグメントがアベイラビリティゾーンをまたがったり、プライベートサブネットとパブリックサブネットを1つのネットワークセグメントにできない点に注意してください。

## 6.2
# Webの信頼性を高める技術

### 6.2.1 Webの信頼性とは

インターネットは元々、情報共有や情報発信のために生まれたものでした。しかし、インターネットショッピングやインターネットバンキングなど、お金に関わるような重要な情報のやりとりに使われるようになってきたことで、安全性・信頼性を高めるためのさまざまな対応が必要となってきました。例えば、送受信されるデータに特別な処理をして他人には読めないデータに変換する、つまり「暗号化」です。

また、1台で稼働していたWebサーバーも、複数台用意してロードバランスする（処理を振り分ける）ことで、片方に障害が発生してもサービスが継続して稼働するような仕組みも必要となってきました。システムに故障が発生してもサービスを継続して提供できるようにしておくことが重要で、この考え方は、故障のための設計（design for failure）と呼ばれています。

### 6.2.2 共通鍵暗号方式と公開鍵暗号方式

通信では、送る人と受け取る人の間で誰かがそれを盗み見る可能性もあります。そこで第三者が見てもわからないよう、**暗号化**する必要があります。暗号化されたものを元に戻して読める状態にする（**復号**する）には、どうしたらよいでしょうか。使うのは、復号のための鍵です。暗号化と復号の仕組みについて、2つの方式を例に説明していきましょう。

## 共通鍵暗号方式

**共通鍵暗号方式**とは、暗号化と復号の際に同じ鍵（**共通鍵**）を用いる方式です。これは、家のドアを開けるときも閉めるときも、同じ鍵を使うことに似ています。ファイルの暗号化などによく用いられている方式なので、これを例に話を進めましょう（図6.13）。

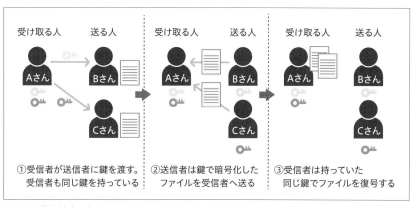

① 受信者が送信者に鍵を渡す。　② 送信者は鍵で暗号化した　③ 受信者は持っていた
受信者も同じ鍵を持っている　　ファイルを受信者へ送る　　同じ鍵でファイルを復号する

図6.13　共通鍵暗号方式

　これからAさんは、Bさんとファイルの受け渡しを行います。まず、AさんはBさんに鍵を渡します（Aさんも同じ鍵を持っています）。Bさんはその鍵を使って送りたいファイルを暗号化して、誰にも読めないようにしてからAさんに送ります。そしてAさんは、自分も持っている鍵を使ってファイルを復号し、中身を見ることができます。暗号化と復号に同じ鍵が使われているところがポイントです。この共通鍵暗号方式の問題点に、鍵の受け渡しを安全に行うのが難しいことが挙げられます。

　ファイルの受け渡しを複数で行う場合も同じ仕組みです。Aさんは、Bさん・Cさんとそれぞれ別々のファイルのやりとりを行うものとします。この場合、Aさんが見られるべきCさんのファイルをBさんにも見られてはいけないので、Cさんとやりとりする際の鍵、Bさんとやりとりする際の鍵は別の鍵にする必要があります。それぞれに違う鍵を渡し、CさんはCさん用の鍵を使って、BさんはBさん用の鍵を使ってファイルを暗号化し、ファイルを送信します。ファイルの復号にはCさん用の鍵・Bさん用の鍵を使ってそれぞれのファイルを復号します。

### 公開鍵暗号方式

　一方、**公開鍵暗号方式**とは、暗号化と復号で別々の鍵を使う方式です。暗号化に使うのは**公開鍵**、復号に使用するのは**秘密鍵**と呼ばれます。

　今度は、図6.14を例に説明しましょう。Aさんは、BさんとCさんに同じ鍵（公開鍵）を渡します。先ほどとは違って、BさんにもCさんにも同じ鍵を渡しており、ユーザーごとに鍵を使い分けることはしません。

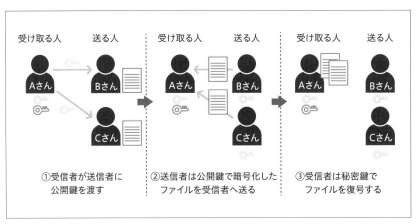

図6.14　公開鍵暗号方式

　Bさん・Cさんは渡された公開鍵を使ってそれぞれデータを暗号化しAさんに送ります。Aさんは、自分だけが持っている秘密鍵を使って送られてきたデータを復号し、中身を見ることができます。この方式では、公開鍵で暗号化したデータを復号できるのは秘密鍵を持っている人だけなのがポイントです。鍵の受け渡しが簡単で、暗号化が必要なデータを処理する前に鍵を配布・取得することが可能となっています。

### 2種類の併用

　Webサイトの暗号化で使われる**SSL/TLS通信**は、図6.15のように共通鍵暗号方式と公開鍵暗号方式の2種類を併用して成り立っています。なぜ2種類の暗号化方式を併用しているのでしょうか。

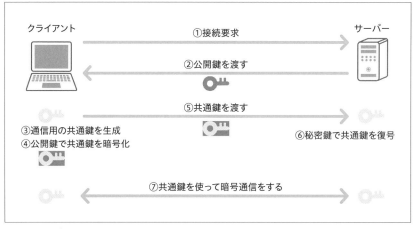

クライアント　　　　　　　　　①接続要求　　　　　　　　　　　　サーバー

②公開鍵を渡す

⑤共通鍵を渡す

③通信用の共通鍵を生成　　　　　　　　　　　　　　⑥秘密鍵で共通鍵を復号
④公開鍵で共通鍵を暗号化

⑦共通鍵を使って暗号通信をする

図6.15 SSL/TLS通信の流れ

　SSL/TLS通信そのものは、共通鍵暗号方式を使用して通信の暗号化を行っています。先ほど説明したように、共通鍵暗号方式は暗号側と復号側で同じ鍵を所有していなければデータを復号することができない仕組のため、SSL/TLS通信を行う前に鍵を渡す必要があります。

　鍵を渡す前は当然通信の暗号化が行われていない状態なので、別の方法で安全に鍵の受け渡しを行う必要があります。そこで、共通鍵の受け渡しの手段として、公開鍵暗号方式が使用されているというわけです。

　クライアントがサーバーに対して接続要求を行うと、サーバーはクライアントに対して公開鍵を送ります。クライアントはサーバーとの暗号化通信をするための共通鍵を生成し、公開鍵で暗号化してサーバーに送ります。

　サーバーは公開鍵に対応した秘密鍵を使って共通鍵を復号します。これでクライアントとサーバーの双方で共通鍵を使用する準備が整ったので、互いに共通鍵を使って暗号化通信を行います。

　SSL/TLS通信の開始時に、サーバーからクライアントへ公開鍵の受け渡しを行いますが、認証情報や公開鍵情報が1つにまとまったものが**SSL/TLSサーバー証明書**です。サーバーはSSL/TLSサーバー証明書としてクライアントに認証情報や公開鍵情報をセットにして渡し、クライアントは受け取ったSSL/TLSサーバー証明書から、接続相手の情報を確認して通信を行います。

### 6.2.3 常時SSL化

**常時SSL/TLS化**とは、Webサイト全体を**HTTPS化**する（暗号化する）ことです。単に「常時SSL化」ということが多いです。

**TIPS**

> 実際のプロトコルとしてはSSLの進化形であるTLSが使われているのですが、一般に浸透している用語としてはSSLになるので、SSL/TLSのことを単にSSLといったりすることに由来しています。
> 逆に、単にTLSといわれることはほとんどありません。

以前は「暗号化はフォームだけでよく、全体を暗号化すると遅くなる」というのが一般的な認識でした。しかし近年では、以下の理由から常時SSL化が推奨される流れになってきています。

#### HTTP/2では、表示速度がむしろ速くなる

「3.3.4　新しい技術：HTTP/2 ／ Ajax ／ Web API」で紹介した「HTTP/2」という新しいプロトコルでは、これまでのHTTPが抱えていた問題点が改善され、通信効率がよくなりました。クライアントとサーバーの間の通信は暗号化通信をする仕様が標準となっているため、HTTP/2への対応には常時SSL化が必要となり、レスポンスの向上が見込めます。

#### SEOでメリットがある

SEO（Search Engine Optimization）は「検索エンジン最適化」と訳され、検索結果でWebサイトがより上位に表示されるために行う一連の取り組みのことを「SEO対策」と呼びます。今日において検索エンジンのシェアはGoogleが圧倒的な優位にあり、SEO対策は実質的にGoogle対策ともいえる状況です。Googleでは常時SSL化を検索結果の評価基準の1つとしており、SEO対策の一環として常時SSL化が行われることがあります。

#### 現在のブラウザではHTTPだと警告が出る

例えば、本書を執筆している筆者のパソコンにはChrome 75がインスト ールされていますが、HTTPのWebサイトを開くと、アドレスバーに「保 護されていない通信」という警告が出るようになっています（図6.16）。

図6.16 Chromeでの警告メッセージ

Chrome 56から、HTTPのページでIDやパスワードなどの機密情報を入 力するフォームがあると「保護されていません」という警告が出るようにな りましたが、今ではHTTPのWebサイトすべてで警告が出るようになって います。Firefoxなど他のブラウザもこの動きに追随しており、今後ますま す常時SSL化が求められていくでしょう。

### 6.2.4 負荷分散

Webサイトの耐障害性や処理能力を高めるために、1台のWebサーバー だけではなく、複数台のWebサーバーでWebサイトをホストすることがあ ります。このような場合にアクセスを分散して割り当てることを負荷分散と 呼びます。負荷分散はDNSサーバーの設定や、専用の機器・ソフトウェア の導入、サービスの利用などで実現することができます。

負荷分散を実現する手法にはいくつかの種類があります。ここでは代表的 なものを紹介します。

#### DNSラウンドロビン

**DNSラウンドロビン**は、図6.17のようにDNSの仕組みを使ってリクエス トを複数のサーバーに分散する方式です。1つのホスト名に対して複数のIP アドレスを設定することにより、リクエストを受けたDNSサーバーは順番 にIPアドレスを返していきます。

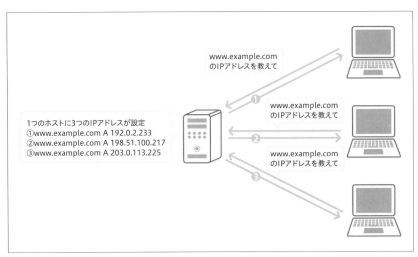

www.example.com
のIPアドレスを教えて

1つのホストに3つのIPアドレスが設定
①www.example.com A 192.0.2.233
②www.example.com A 198.51.100.217
③www.example.com A 203.0.113.225

www.example.com
のIPアドレスを教えて

www.example.com
のIPアドレスを教えて

図6.17 DNSラウンドロビン

　この方式のメリットは、特別な機器やソフトウェアを必要とせず負荷分散が行えることです。

　一方、この方式のデメリットも何点かあります。DNSサーバーから各サーバーをモニタリングして動的に割り当てるような動きはしていないので、ダウンしているサーバーのIPを返してしまう場合があります。また、サーバーの負荷状態に関係なく均等に割り振るため、サーバーの処理能力に差がある場合は処理能力の低いサーバーと処理能力の高いサーバーに均等に割り振られることで処理能力の低いサーバーの処理が頭打ちになってしまう可能性などもあります。

　シンプルな仕組みであるがゆえの、さまざまな制約があることを理解して利用する必要があります。

### NAT型

　**NAT型**とは、**VIP**と呼ばれる仮想的なIPアドレスに対してのリクエストを、複数の実サーバーに振り分ける方式です（図6.18）。ハードウェア／ソフトウェアなどで提供される一般的なロードバランサー（L4スイッチ・L7スイッチとも呼ばれる）で採用されています。

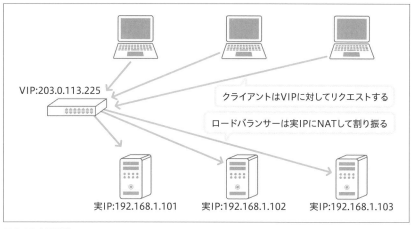

VIP:203.0.113.225

クライアントはVIPに対してリクエストする

ロードバランサーは実IPにNATして割り振る

実IP:192.168.1.101　　実IP:192.168.1.102　　実IP:192.168.1.103

図6.18 NAT型

## GSLB（グローバルサーバーロードバラシング）

**GSLB**は、複数のロケーションをまたいだ負荷分散を実現する方式です（図6.19）。例えば「東京と大阪のデータセンターにサーバーを設置し、正常時には両方にリクエストを割り振り、どちらかに障害が発生した場合は障害が起きたデータセンターのサーバーには割り振らないようにする」など、DNSラウンドロビンで問題であった「障害が起こっているサーバーにも割り振ってしまう可能性がある」という点を解決しています。

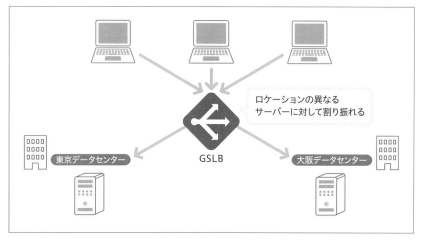

ロケーションの異なる
サーバーに対して割り振れる

東京データセンター　　GSLB　　大阪データセンター

図6.19 GSLB

　このように、複数台のサーバーでサービスを提供することによって可用性や性能を向上させたり、複数のロケーションにまたがることで災害対策にもなったりと、負荷分散はWebサイトの信頼性向上につながります。

## 6.2.5 ● リバースプロキシ

　**リバースプロキシ**とは、Webサーバーの代わりにクライアントからのアクセスを受け付けるプロキシサーバーの一種です。通常、Webサイトと同一のネットワークに設置されるものです。

　**プロキシ**とは「代理」や「代行」といった意味で、**プロキシサーバー**はクライアント側に置かれ、クライアントがWebサーバーにアクセスするのを中継する役割を果たします。つまり「Webサーバーへアクセスすることを代行」しているわけです。

　一方、リバースプロキシはサーバー側に置かれ、サーバーに対する要求を受け取り、背後のサーバーに受け渡すために用いられます。「Webサーバーがリクエストを受け付けることを代行」しているのです（図6.20）。

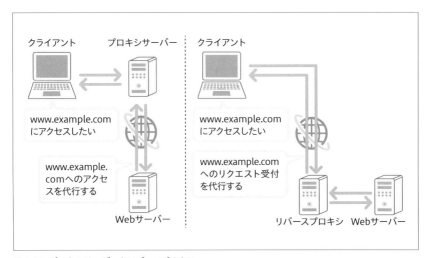

図6.20　プロキシサーバーとリバースプロキシ

プロキシサーバーもリバースプロキシも、キャッシュ機能を提供するものがあります。既にリクエストがあったものを一定時間キャッシュしておいて、キャッシュにヒットしたものはWebサーバーの代わりにプロキシサーバー（リバースプロキシ）が応答します。こうすることで、Webサーバーへの負担を軽減できる仕組みになっています。

リバースプロキシにはキャッシュ機能を提供するものの他に、負荷分散の機能を提供するものや、WAF7の機能を提供するものも存在し、いずれもWebサイトの信頼性向上に寄与しています。

## 6.2.6 ○ CDN

**CDN**（Content Delivery Network）は、同一のコンテンツを、多くの配布先、例えば多くのユーザーのパソコンやスマートフォンへ効率的に配布するために使われるものです。主にWebサイトにあるたくさんの画像や動画など、容量の大きいデータをたくさんのサーバーとネットワーク帯域を使ってクライアントの元に届けるために使われます。また、WindowsやスマートフォンのOSのアップデートなどもCDNを使って効率的に届けられるようになっています。

構成としては、配布先に近いネットワーク（カスタマーエッジ）にコンテンツを配布するサーバー（エッジサーバー）を配置します。エッジサーバーはオリジナルのデータを持つサーバー（オリジンサーバー）のデータのコピーをキャッシュとして持ち、オリジンサーバーに代わってクライアントからのリクエストに応答します（図6.21）。

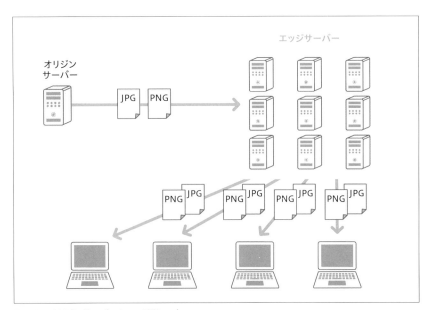

図6.21　オリジンサーバーとエッジサーバー

　ユーザーに近いところにあるサーバーから配信するということと、複数台のサーバーから配信するということによって、より高速で負荷に強い仕組みを実現しています（図6.22）。

図6.22　CDN

　また、CDNはコンテンツの高速で効率的な配信のほか、DDoS攻撃対策にも使用されることがあります。DDoS攻撃は大量のリクエストを発生させることによりサーバーをパンクさせてしまう攻撃ですが、対策としては大きく分けて2種類あり、1つ目は「DDoSのトラフィックを検知して止めてしまう」という対策、2つ目は「DDoSのリクエストを処理しきってしまう」ことです。後者の対策手段として、CDNが利用されることもあるのです。このように、CDNもWebサイトの信頼性向上に一役買っています。

　以下に代表的なCDNサービスを挙げます。

## Akamai

　エンタープライズクラスのCDNとして有名です。世界の通信量の15〜20%はAkamaiによって配信されているといわれています。

## Amazon CloudFront

　AWSのサービスの1つとして提供されているCDNサービスです。AWSの他のサービスと組み合わせて利用することはもちろん、CloudFront単体で使用することもできます。

## Cloudflare

　主に個人向けに無料プランや少額のプランが用意されていることで知られるCDNサービスです。個人向けだけでなく企業向けにより高機能なプランも用意されており、採用事例も多くあります。CDNを基本としながらもセキュリティやDDoS攻撃対策に関するアピールも行っています。

## Fastly

　他のCDNでは難しいとされている動的コンテンツのキャッシュなど、独自の機能が用意されているCDNサービスです。

## Imperva Incapsula

　CDNの機能もありますが、どちらかというとWAFやDDoS攻撃対策としての側面が強いサービスです。

### ウェブアクセラレータ／ ImageFlux

　ウェブアクセラレータは日本国内に特化したCDNサービスです。tenki.jpやTogetterなどの採用事例があります。ImageFluxは画像変換の機能にCDNをプラスしたサービスです。画像のリサイズや圧縮効率の高い形式への変換など、大量の画像を使用するWebサービス向けの機能が多数用意されています。メルカリや資生堂などの採用事例があります。

# Chapter 7

ネットワークの運用とセキュリティ

# 7.1

# ネットワークの運用

### 7.1.1　ネットワーク運用でやること

　システムおよびネットワークの設計・構築が完了すると、できあがったネットワークは**運用**のフェーズに入ります。つまり、システムおよびネットワークが動き続ける状態を維持していくことになります。

　ところで、ネットワークの運用はどのような人が担当するのでしょうか。システムの目的や規模によって、作業分担や担当範囲はまちまちです。例えば銀行のシステムのネットワークなどは巨大であり、設計をする会社、監視をする会社、運用をする会社がそれぞれ分かれています。運用も、「スイッチやルーターなどはX社」「ファイアウォールはY社」といったように、分担していることが一般的です。

　これが企業の拠点間ネットワークになると、ここまで細かくは分かれていませんが、やはり分業されています。エンドユーザーからの要望のとりまとめや会社としての方針決定はユーザー企業の情報システム部が行い、その方針に沿ったネットワークの設計や運用の委託を専門の**システムインテグレーター**（SI）が請け負い、その会社の社員がユーザー企業に常駐して業務にあたる、などが例として挙げられます。

　Webサービスの会社だと、数人のインフラエンジニアでネットワークもサーバーも見ていたり、場合によっては専任のインフラエンジニアがおらず、プログラマーが兼務で担当しているような場合もあったりします。

　このように、担当者はシステムや会社の規模によって大きく変わってきます。ネットワークはそれ単体で動作するだけでなくシステムやサーバーの基盤となるため、システムエンジニアやサーバーエンジニアと協調して対応していくことも重要になってくるでしょう。

　また、設定変更などは単なる作業のみではなく、設定変更の影響調査や関係者への連絡など、付帯する作業も非常に重要になります。技術力の他にコミュニケーション能力も求められる点は他のエンジニアと同様だといえるでしょう。

ネットワークの運用に関する業務を図7.1にまとめます。

❶ ネットワーク機器に設定変更の必要性が生じた場合に
設定変更作業(およびそれに付帯する作業)を行う

❷ 監視ソフトウェアなどにより、ネットワークの稼働状況や
トラフィックを監視する

❸ 障害を検知した場合、正常な状態に回復するよう各種
対応を実施する

❹ 必要に応じて、サーバーエンジニアと協力して不具合など
の切り分けを実施する

❺ 必要に応じて、ネットワークの改善提案を行う

図7.1 ネットワーク運用に関する業務例

## 7.1.2 ● 設定変更作業

図7.1で紹介した業務のうち、❶の「設定変更作業」について、もう少し具体的な例を考えてみましょう。

許可する通信を限定している環境において、新たに接続元が増えたり、通信を許可するポートが増えたりといった際に行うファイアウォールの設定変更がその一例として挙げられます(図7.2)。

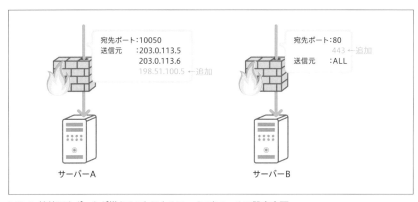

宛先ポート:10050
送信元　:203.0.113.5
　　　　　203.0.113.6
　　　　　198.51.100.5 ← 追加

宛先ポート:80
　　　　　443 ← 追加
送信元　:ALL

サーバーA　　　　　　　サーバーB

図7.2 接続元やポートが増えることによるファイアウォールの設定変更

また、会社に新しい支店が開設される際にも、「ネットワークセグメントが増えるため、各拠点のルーターのスタティックルートの追加をする」などの作業も考えられます（図7.3）。

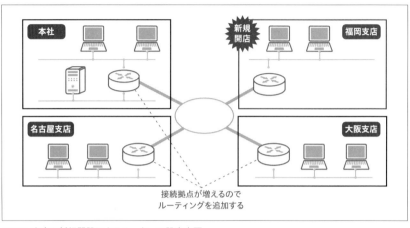

本社　名古屋支店　新規開店　福岡支店　大阪支店

接続拠点が増えるので
ルーティングを追加する

図7.3 支店の新規開設によるルーターの設定変更

ここで挙げた例はいずれも「増やす」作業ですが、もちろん「減らす」ことになっても設定変更の必要性は生じます。

次に、ネットワークの設定変更を実施する場合の大まかな流れを見ていきましょう。一般的に、次のような流れで設定変更を行います。

① 設定変更の内容を明らかにする
② 設定変更作業前の手順レビュー
③ 設定変更作業の実施
④ テスト
⑤ 切り戻し

それでは1つ1つ見ていくことにしましょう。

① 設定変更の内容を明らかにする

設定変更の目的や期待される結果などを明らかにし、必要に応じてドキュメントを作成します。

## ② 設定変更作業前の手順レビュー

　関係者を集め、設定変更作業をどのような手順で実施するのかを説明し、レビューを受けます。ここで用意されるドキュメントは、設計書・設定変更手順書・作業スケジュール表などです。また、レビューにより得られたフィードバックを反映させ手順を変更する場合があります。

## ③ 設定変更作業の実施

　実際に設定変更作業を行います。関係者調整のうえ、作業日時をあらかじめ決めておくことがほとんどです。またトラブル防止のため、設定変更作業は複数人で実施することがあります。手順どおり正しく実施しているか、想定外の事態は発生していないか、などを確認します。

## ④ テスト

　設定変更後、期待される動作をするかテストを行います。自分だけで実行可能な場合もありますが、システムやサーバーなど他の担当者やエンドユーザーによる確認が必要な場合もあり、その場合は協力して行います。

## ⑤ 切り戻し

　作業が正常に完了しなかった場合などに、設定変更前の状態に戻すことを**切り戻し**と呼びます。通常、切り戻し手順、切り戻し判断基準、切り戻し作業時間などは設定変更手順および作業スケジュールに盛り込まれていることが多いです。

## 7.1.3　トラブルシューティング

　ネットワークが原因と思われるトラブルが発生した際、正常時と現状を比較してその症状を把握し、それがパソコンの問題なのか、ネットワークの問題なのか、ソフトウェアの問題なのか、サーバーの問題なのかを切り分けて必要な対処を行うのが、**トラブルシューティング**です。トラブルシューティングは一般的に、次のような手順で行われるので、その流れとポイントについて説明しましょう。

① 障害の検知

② 現象の把握

③ 対処

④ 障害解消後の報告

　①の「障害の検知」は、障害が発生したことを検知することであり、監視ソフトウェアなどにより自動的に検知されることが望ましいです。エンドユーザーやその間にいる顧客などからの申告によって障害発生が判明することもありますが、それはあまり望ましくありません。

　次は②の「現象の把握」です。どのような障害が発生しているのか、起きていることをまず把握します。まったくつながらないのか、つながりにくい（正常時と比較して瞬断が多発する、正常時と比較して異常に遅いなどのレベルで把握できると望ましい）のか、障害の影響範囲はどこか（パソコン1台なのか、特定のLANなのか、など）といったことを見ます。具体的には、実際にアプリケーションを動かして挙動を確認する他に、pingやtracerouteなどのコマンドを使った、ネットワーク機器のステータスを確認したりしていきます。

　ここまでで得られた情報をもとに、障害を解消するための対処（③）が行われます。その後、障害発生から回復までの時系列、障害の原因、暫定対策や根本対策などを報告書にまとめます（④）。障害が長期にわたる場合は、定期的に中間報告を行う場合もあります。

　根本対策としてネットワーク機器の設定変更が必要になった場合、先述したようなプロセスに沿って、ネットワーク機器の設定変更を行うケースがあります。この際に重要になってくるのは、設定変更前の状態をしっかり確認しておくことです。そうしないと、設定変更後に現象が改善されたのか、悪化したのか、または変わっていないのかなどの判断ができなくなります。これは常日頃の運用においても重要なことで、「平常時の状態」と、「何ができて何ができないのか」をしっかり記録しておくことが重要です。

　ユーザーから「○○ができない」と問い合わせがあった際に、それは以前はできていたことなのか、それとも以前からできなかったことなのかによって、対処は大きく変わります。そのため設計情報をドキュメントとして残し

ておくこと、それを必要に応じて更新していくこと、通信量やサーバーの負荷などの監視情報を記録しておくことなどが重要になってきます。

## 実習 通信障害を起こしてみよう

ここでは最も簡単な通信障害の例として、ある箇所のLANケーブルを抜いてみることにしましょう。会社で行うと大変なことになりかねないため、自宅か、もしくは実験用のネットワークを持っている人はそこで行うようにしてください。自宅の場合も家族が使っているような場合は迷惑がかからないようにしましょう。

ここではどこのLANケーブルを抜くかはあえて書きません。みなさんでそれぞれ決めてみましょう。どこを抜いたらどこまでの通信ができて、どこまでの通信ができなくなるのかを理解するのが目的です。

LANケーブルを抜いたあとに、自分のパソコンからどこまで通信できるか、「2.3.3 ICMP」の実習で紹介した、通信が確立しているかを調べられるpingコマンドを使って切り分けをしてみましょう。例えば自宅のネットワークセグメントが192.168.0.0/24だったとして、

・自分のパソコンのIPアドレス：192.168.0.101
・プリンターのIPアドレス：192.168.0.110
・ルーターのIPアドレス：192.168.0.1

だとした場合に、「プリンターまではpingの応答があるが、ルーターへのpingの応答がない」ならば「パソコンとプリンターがつながっているスイッチとルーターの間のケーブルが抜けている」可能性があるということです。「プリンターへもルーターへもpingの応答がない」ならば「パソコンのLANケーブルが抜けている」可能性があります。

このようにネットワークのトラブルシューティングとは、情報を集めて範囲を狭めていくことによって障害箇所を見つける作業なのです。

# 7.2 セキュリティ対策の基礎知識

## 7.2.1 情報セキュリティの3要素

システムやネットワークでは、セキュリティに対しての十分な配慮が求められます。情報セキュリティには**機密性・完全性・可用性**という3要素があり、これらを維持管理していく必要があります（図7.4）。

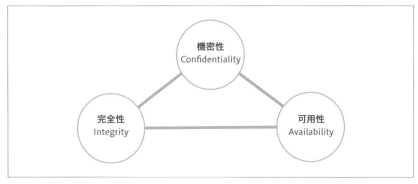

図7.4 情報セキュリティの3要素

### 機密性

**機密性**とは、許可を持っている人だけがその情報を利用できる状態にしておくことです。情報漏洩の防止、アクセス権の適切な設定、暗号の利用などの対策が用いられます。

### 完全性

**完全性**とは、許可を持たない人が情報を変更できない状態にしておくことです。情報の改ざん防止や改ざんされた際の検知などの対策が用いられます。

### 可用性

**可用性**とは、情報が必要なときに利用できる状態にしておくことです。電源やシステムの二重化、バックアップ、災害時の対応策定などの対策が用いられます。

## 7.2.2 情報セキュリティにおける脅威と攻撃の手法

ここでは、数多くの攻撃手法の中から代表的なものをいくつか紹介します。

### 標的型攻撃

**標的型攻撃**とは、ターゲットを特定の組織やユーザー層に絞って行われる攻撃です。ターゲットに対して、知り合いや取引先を装って悪意のあるファイルを添付したり、悪意のあるサイトに誘導するリンクを貼り付けたメールを送信したりするなどして、パソコンやスマートフォンなどの端末を**マルウェア**（悪意のあるソフトウェアの総称）に感染させようとします。

マルウェアに感染したパソコンやスマートフォンは遠隔操作され、内側から不正アクセスなどを行い情報漏洩を引き起こしかねません。

### ランサムウェア

**ランサムウェア**は、トロイの木馬（有用なソフトウェアを装ってインストールされることを狙っている不正なソフトウェア）としてパソコン内部に侵入し、データを暗号化したり、パスワードをかけたりして参照できなくします。ランサムウェアに侵入されたことにより、ユーザーがデータにアクセスしたときに「データへのアクセスができなくなった」という警告が出て、復元するための対価として金銭の支払いを要求するといった事件も起きています。

### DoS攻撃／DDoS攻撃

これらの攻撃は、攻撃目標のサーバーに対して大量のデータを送りつけ、トラフィック増加によるネットワークやサーバーのパンクを起こしたりするものです。

攻撃を仕掛けてくるコンピューターが1台のものが**DoS攻撃**、複数のコンピューターから攻撃を仕掛けてくるのが**DDoS攻撃**です。DDoS攻撃の元となるコンピューターには不正に乗っ取られたサーバーが使われます。近年はクラウドサービスの普及により、インターネットに直接接続されているにもかかわらずセキュリティ対策が不十分なサーバーが多くあり、これらのサーバーが乗っ取られてDDoS攻撃に使われたりします。そのため、自身が被害

者になる可能性と、加害者になる可能性の両方があるといえます。

　インターネットに接続されているサーバーを管理する上では、セキュリティ対策を確実に行うことが求められるのです。

## F5アタック

　DoS攻撃／DDoS攻撃の一種で、「Webサイトにアクセスして大量のリロードを行い、サーバーを過負荷状態にしてダウンさせる」というものです。パソコンのキーボードの［F5］キーがリロードのコマンドキーになっていることから**F5アタック**と呼ばれています。Webサイトの読み込み自体は不正な通信ではないため、攻撃かどうかを検知することが難しい攻撃手法とされています。

## SQLインジェクション

　DBサーバーと連携して動くWebアプリケーションには、DBを操作するためにSQL文を生成して処理を行うものがあります。Webアプリケーションに不備があると、入力フォームに悪意のある攻撃用のSQL文を入力されたときにそれをSQL文として生成してDBサーバーに対し処理を実行してしまい、結果として不正に個人情報や機密情報などを抜き出されてしまいます。これを**SQLインジェクション**と呼びます。

## クロスサイトスクリプティング

　**クロスサイトスクリプティング**は、SQLインジェクションと同様にWebアプリケーションの脆弱性を突いてくる攻撃です。入力フォームに悪意のある攻撃用のスクリプトを入力され、それが実行されてしまうというものです。

## ブルートフォースアタック

　IDとパスワードの組み合わせによってログインができるシステムに対して、可能な組み合わせをすべて試すことで不正にアクセスしようとする攻撃が**ブルートフォースアタック**です。人間が行うのは非現実的な攻撃ですが、ツールで簡単に実行することができる攻撃のため、システム側に何かしらの防御機構がない場合、不正にアクセスされてしまうケースも多くある攻撃です。

#### パスワードリスト攻撃

**パスワードリスト攻撃**は、他のサイトで不正に入手したIDとパスワードの
セットを使ってログインを試行する攻撃です。ユーザーの多くが複数のシス
テムでIDとパスワードを使い回す傾向があることを利用した攻撃です。

### COLUMN

> ソーシャルエンジニアリング：システムに対する攻撃は、ネットワーク経由のものばかりではありません。人間の心理を突くような攻撃もシステムへの脅威となりえます。
>
> その一例であるソーシャルエンジニアリングは、名前はずいぶんとかっこいいですが、コンピューターやネットワークの技術を使ってではなく、人間どうしのやりとりを通して機密情報を盗み出すことをいいます。典型的な例に「銀行の関係者を装い、電話で暗証番号を聞き出す」「ゴミ箱に捨てられた書類から機密情報を盗み出す」といったものがあります。
>
> 技術的な対策では防ぐことができないので、ルール作りや、日頃からセキュリティ教育を行うなどして意識を啓蒙していくなど、人的な側面からの対策が必要になります。

## 7.3

# ネットワークのセキュリティ対策

### 7.3.1 ネットワーク機器やサービスを使った防御

脅威に備えるために、技術的に行っておきたい対策や導入するべき仕組み
について解説していきましょう。

これまでの章でも時折登場した**ファイアウォール**とは、ネットワークの結
節点となる場所で、通過させてはいけない通信を遮断するシステムのことを
指します（図7.5）。

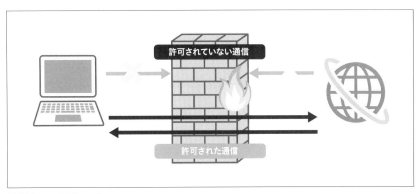

図7.5 ファイアウォール

　その形態はさまざまで、ルーターにより高度な通信制御機能を内蔵した**ア**
**プライアンス型**（ソフトウェアとハードウェアがセットになって販売されて
いる提供形態）のものもあれば、パソコンなどにインストールする**ソフトウ**
**ェア型**のものも存在します。

### パケットフィルタ

　ファイアウォールの中でも代表的なものが、**パケットフィルタ**です。文字
どおりパケットをフィルタリングするという意味で、パケットのIPアドレス
とポート番号をもとに許可する通信を設定し、それ以外の通信は拒否するよ
う動作します。

　パケットフィルタには、許可する通信のルールと拒否する通信のルールを
列挙していきます。これは**ファイアウォールルール**とも呼ばれます。ルール
を列挙するときに、重要になってくるのがその「順番」です。通信を許可す
るか拒否するかを決める際に、パケットフィルタを上から順番に照合してい
き、該当するルールがあった場合に許可するか拒否するかが決まるためです。

　例えば、「HTTPの通信を許可する」というルールがあったとしても、そ
の手前に「この通信元IPアドレスの場合はHTTP通信を拒否する」という
ルールが入っていた場合、拒否ルールのほうに当てはまっていると通信が許
可されません。

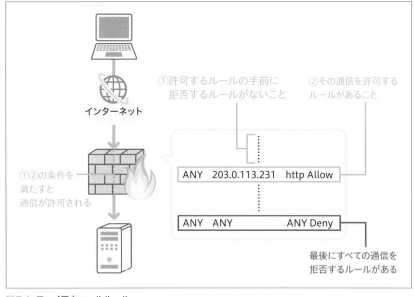

図7.6 ファイアウォールルール

一方で、このルールの順番が逆になっていた場合は、HTTP通信を許可するルールのほうが先に判定されるのでその時点で通信が許可され、通信を拒否するルールは有効に機能しません。このように、パケットフィルタは順番が重要であることを覚えておきましょう。

また決まりとして、最後には「すべての通信を拒否する」ルールを書きます。パケットフィルタに当てはまった通信だけを通して、どのパケットフィルタにも当てはまらなかった通信は通さないようにするためです。最後に書くすべての通信を拒否するルールは、明示的に書く場合のほか、機器によってはルールに該当しない通信はすべて拒否するように動作するものもあります。これを「**暗黙のDeny**」と呼びます。

ステートフルパケットインスペクション

パケットフィルタを基本としつつ、より高度なチェックを行うものとして、**ステートフルパケットインスペクション**（**SPI**：Stateful Packet Inspection）があります。これは、「TCP/UDPのセッション情報を記憶して、正当な手順のTCP/UDPセッションかどうかを判断し、不正なセッションと判断した

通信を遮断する」というものです。

　ステートフルパケットインスペクションは内部から発信する通信を記憶して、内部から発信した戻りの通信（こちらから通信した内容に対する応答）であるかどうかを判断します。正しい手順において行われている通信は許可し、外部から開始された外部からの通信は、外部から発信した通信を許可するルールがない限りは正しい手順を踏んだ通信とは認められず、通信が許可されません。

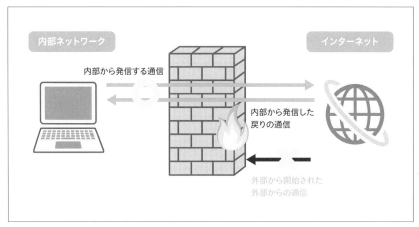

図7.7　ステートフルパケットインスペクション

　この方式のメリットは、戻りの通信を判断するときに、動的にパケットフィルタの開閉を行っていることです。普段はパケットフィルタが「閉じた」状態になっているものを、条件にもとづいて自動的にパケットフィルタを「開ける」仕組みになっています。

　もう少しわかりやすく説明すると、基本的なパケットフィルタでは「内部から発信する通信を許可するルール」と「戻りの通信を通すためのルール」の2つを設定する必要があります。しかしステートフルパケットインスペクションでは、「内部から発信する通信を許可するルール」さえ設定しておけば、その戻りの通信かどうかを自動的に判断して、その通信は通すように動いてくれるのです。設定がシンプルで済み、よりセキュアになります。一般的なファイアウォール製品のほか、AWSの仮想サーバーサービスであるAmazon EC2のセキュリティグループも同様の働きをします。

## DMZ

また、ファイアウォールで実現できるものの1つに **DMZ**（非武装地帯：DeMilitalized Zone）というものがあります。これはDMZと呼ばれるネットワークセグメントと内部ネットワークセグメントを分割し、公開サーバーはDMZに設置し、DMZから内部ネットワークへの通信を制限することで、公開サーバーに侵入され踏み台とされたときも内部ネットワークをまもることができるセキュリティ対策です。

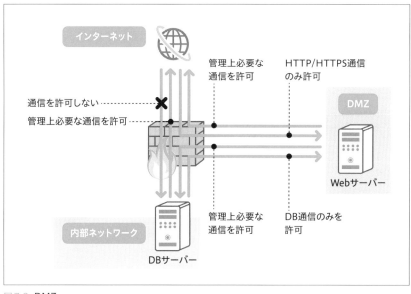

図7.8 DMZ

## 実習 ファイアウォールルールを書いてみよう（基礎編）

要件にもとづいて、パケットフィルタ型のファイアウォールルールを書いてみましょう。ネットワーク構成は図7.9のとおりで、インターネットとWebサーバーの間にファイアウォールがあります。このファイアウォールに対して設定を行います。インターネットからWebサーバー（IPアドレスは203.0.113.231）に対しての通信を許可および拒否をするファイアウォールルールを書いていきます。

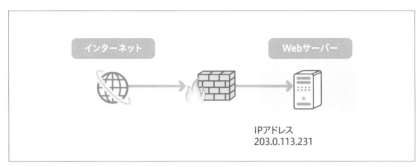

図7.9 今回利用するネットワーク構成

　実現したい要件は以下のとおりです。

・インターネット全体からWebサーバーのHTTP（TCP/80）向け通信を許可
・インターネット全体からWebサーバーのHTTPS（TCP/443）向け通信を許可
・その他の通信はすべて拒否

　このファイアウォールでは表7.1の項目に対して設定をしていきます。実際には通信の方向を設定する項目もありますが、今回の実習ではインターネット（外部）から内部ネットワーク向けの通信に限っているので、そこはあまり意識しなくても大丈夫です。

| Source<br>（送信元） | Destination<br>（送信先） | Service<br>（通信を許可／拒否する<br>プロトコルとポート番号） | Permit/Deny<br>（許可／拒否） |
|---|---|---|---|
| | | | |

表7.1 ファイアウォール設定内容

　設定する項目は4つです。Sourceが「送信元」、Destinationが「送信先」、Serviceが「通信を許可／拒否するプロトコルとポート番号」、Permit/Denyは「許可（Permit）するか拒否（Deny）するか」です。送信元／送信先／プロトコルを制限しない場合、例えばインターネット全体やすべてのサービ

スを表現したい場合は「ANY」または「ALL」などと表記することが多いです。またこのファイアウォールでは暗黙のDenyが有効であるものとします。

解答は表7.2のようになります。

| Source | Destination | Service | Permit/Deny |
|--------|-------------|---------|-------------|
| ALL | 203.0.113.231 | TCP/80 | Permit |
| ALL | 203.0.113.231 | TCP/443 | Permit |

表7.2　表7.1の解答

Sourceでは、インターネット全体からの通信を許可するので「ALL」とします（「ANY」と記載するファイアウォールもあります）。Destinationは、今回は1台のサーバーに対しての通信制御をするだけなのですべて同じIPアドレスが入っています。

次にServiceの設定ですが、この例ではHTTPやHTTPSのことをTCP/ポート番号で記載しました（「2.3.2　TCPとUDP」参照）。ただ、ファイアウォールによってはよく設定するサービスを名前で指定できるようにプリセットされていることもあるので、ここはHTTP、HTTPSというように書いても正解になります。

### 実習　ファイアウォールルールを書いてみよう（応用編）

前の実習と同じ構成のネットワークに対して、要件を2つ追加します。

・198.51.100.0/24からのすべての通信を拒否する
・ただし198.51.100.233からのTCP/10500番ポートの通信のみ許可する

これらの要件について少し解説します。198.51.100.0/24はとあるクラウドサービスのIPアドレスレンジ（という設定）であり、「このクラウドサービスのサーバーがしばしば乗っ取られ、DoS攻撃などを仕掛けてくることから、これらの通信を拒否したい」という意図になります。

一方、自社でもこのクラウドサービスを利用していて、198.51.100.233というIPアドレスを持つサーバーからのTCP/10500番ポートの通信は許可

したいという要件も同時に満たす必要があります（TCP/10500番ポートは、Zabbixという監視ソフトウェアがエージェントとの通信用に用いるポート番号です）。

また、前の実習であった、

・インターネット全体からWebサーバーのHTTP（TCP/80）向け通信を許可
・インターネット全体からWebサーバーのHTTPS（TCP/443）向け通信を許可

という要件も同時に満たすものとします。

今回は全部で4行になります。表7.3の空欄を埋めてみましょう。

| Source | Destination | Service | Permit/Deny |
|---|---|---|---|
| | | | |
| | | | |
| | | | |
| | | | |

表7.3 要件を追加したファイアウォール設定内容

少し考えてもらったところで、解答と解説をしましょう。解答は表7.4のようになります。

| Source | Destination | Service | Permit/Deny |
|---|---|---|---|
| 198.51.100.233 | 203.0.113.231 | TCP/10500 | Permit |
| 198.51.100.0/24 | 203.0.113.231 | ALL | Deny |
| ALL | 203.0.113.231 | TCP/80 | Permit |
| ALL | 203.0.113.231 | TCP/443 | Permit |

表7.4 表7.3の解答

まず最初に198.51.100.233からのTCP/10500番ポートへの通信を許可しています。その後で198.51.100.0/24からのすべての通信を拒否し

ています。

　この順番が非常に重要で、ファイアウォールというものは順番にルールを適用していくため、順番が逆だと「198.51.100.0/24からのすべての通信を拒否する」ルールによって198.51.100.233からのTCP/10500番ポートへの通信も拒否されてしまいます。そこで「198.51.100.233からのTCP/10500番ポートへの通信を許可する」ルールを先に置いています。

　この課題は少し難しかったかもしれませんが、実際にネットワークエンジニアとしてファイアウォールの運用をしていると、このような要件は普通にあります。今回の実習も、実際にあった要件をもとにアレンジして実習課題としています。

　最初は難しいと感じるかもしれませんが、考え方がわかってしまえば素直に理解できるはずです。

## 7.3.2　ログ解析

　業務で使用するパソコンやシステムの操作や変更した履歴のことを**ログ**といいます。このログの管理を行うことで履歴を把握できるため、ログを取ることにはさまざまなメリットがあります。セキュリティ対策の1つとして**ログ解析**が挙げられますが、これによって期待できることを見ていきましょう。

### 外部からの不正アクセスを早期検知する

　ログを適切に解析することで、外部から攻撃を受けていることを検知できたり、万が一侵入された際にも早期に検知できたりすることで初動を早め、被害を最小限に食い止めることができるようになります。

### 内部からの脅威に対応する

　セキュリティの脅威は外部からのものに限りません。内部犯行やオペレーションミスなどが脅威になる場合もあります。システムの変更や操作のログを取っておくことで、これらを検知したり追跡したりすることができるようになります。

## SIEM

最近では **SIEM**（Security Information and Event Management）と呼ばれる、さまざまなネットワーク機器やソフトウェアなどのログをリアルタイムかつ一元的に蓄積・管理し、外部からの侵入の試みやマルウェアの感染、機密情報の流出が疑われる状況を察知して管理者に通知するソフトウェアがあります。

単体のネットワーク機器やソフトウェアのログだけでは気づかない異常を、複数のログを突き合わせることによって割り出したりできるのがSIEMの最大の特徴です。また、起こった出来事について原因や被害状況を調べたり、今起きていることを把握して被害の拡大を抑えたりすることなどにも用いられます。

## COLUMN

難しいWindowsのログ管理：数あるシステムの中でも特にログ解析が難しいとされているのがWindowsのログです。多くの場合、ネットワーク機器や他のソフトウェアのログはテキストデータとして書き出されます。それに対してWindowsのログはバイナリ形式であり、「ログの内容としてはイベントIDS/IPSだけが記録されており、対応するメッセージは別のファイルを参照しなければならない」ような仕組みになっているなど、その構造に問題があるという指摘がなされています。

## 7.3.3 LANのまもり方

会社などでは、例えば「正社員とアルバイトでアクセスできるサーバーを分けたい」といった要望があります。一番シンプルな方法としては、ネットワークセグメントを分けて、アルバイト用のネットワークセグメントからはサーバーにアクセスできないようにするといったものです。

この方法はゲストLANを用意する場合にも用いられます。近年では来客用に無線LAN環境を提供することも珍しくなくなりました。よく「Wi-Fiの提供がございます」と案内されているものです。業務用の無線LANとは別にゲスト用の無線LANを用意して、ネットワークとして完全に分離させることでセキュリティを確保しています。

他にも、「複数の会社が同じフロア内に同居しており、それぞれの会社のLANを持っている」ような場合に、他の会社の人がLANに接続してサーバーの中身を見たりできると問題になるケースがあります。このような場合に有効な対策として、**IEEE 802.1X**という、LANにおけるユーザー認証の規格があります。

IEEE 802.1Xは、パソコンをLANに接続した際にIDとパスワードの入力を求められ、認証に成功した場合に通信が可能になるというものです（図7.10）。有線LANと無線LANの両方に対応しています。

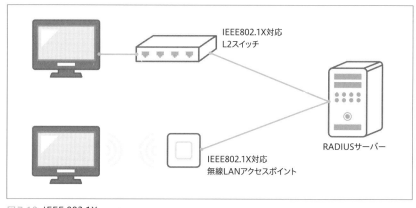

図7.10 IEEE 802.1X

導入にはIEEE 802.1X対応のスイッチ／無線LANアクセスポイントが必要なことと、RADIUSサーバーという認証用のサーバーを用意する必要があるといった点が障壁になります。

### 7.3.4 ○ パソコンのセキュリティの保ち方

現在においては、ほとんどのパソコンが常にインターネットに接続された状態で利用されています。セキュリティの脅威のほとんどはインターネットを経由してやってくるので、パソコンを安全に保つために、日頃からセキュリティ対策をしておく必要があります。

当たり前のことになりますが、

・OSを常に最新に保つ
・ウイルス対策ソフトをインストールし定義ファイルを常に最新に保つ
・多要素認証を用いる

といったことが基本的な対策として挙げられます。

　また近年では、ノートパソコンの普及により紛失／盗難のリスクが増大しているといわれています。また多くの台数のパソコンを管理しなければいけない情報システム部門においては、その管理方法が課題になっています。これらの課題を解決するための1つの方法に**シンクライアント**というものがあります。

　シンクライアントとは、「ユーザーのパソコンに記憶媒体を搭載せずに、ネットワークを経由して利用可能にする」というパソコンの利用形態のことです（図7.11）。OSやデータはサーバーに保存されており、それをシンクライアント端末からネットワークを経由して利用するイメージです。

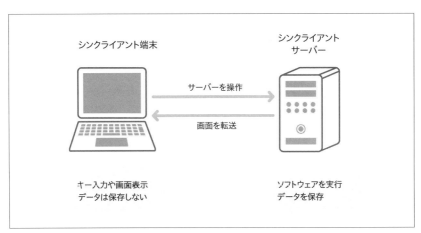

図7.11 シンクライアント

### シンクライアントのメリット

　シンクライアントには、以下のようなメリットがあります。

　まず、ネットワークにつながっていればどこからでも利用可能という点で

す。例えば、東京・名古屋・大阪・福岡に拠点がある会社で、自分の在籍する以外の拠点へ出張する機会があったとします。普通のノートパソコンであれば持ち運ぶ必要があるのですが、シンクライアントであれば各拠点に用意されたシンクライアント端末を利用して、いつもの環境を利用することができるようになります。また持ち運び可能なシンクライアント端末を使って、外出先から利用することも可能です（この場合VPNなど、インターネット上を安全に通信させるための仕組みが必要になります）。

　一元管理が可能だという点も挙げられます。通常のパソコンでは、各パソコンの中にOSやソフトウェアがインストールされています。物理的にも論理的にも分散した状態なので、OSやソフトウェアなどのアップデートといったシステム管理が煩雑になります。シンクライアントではOSやソフトウェアはサーバーにて集中管理されているため、クライアントシステム全体の一元管理が可能です。

　紛失・盗難による情報漏洩リスクの低減もメリットの1つです。シンクライアント端末はデータを持っていないため、紛失・盗難があっても情報をまもることができます。当然シンクライアントを使ってシステムにアクセスされないための認証はしっかりしておく必要があります。

### シンクライアントのデメリット

　デメリットとしては以下のようなものがあります。

　まず、ネットワークの負荷が増大するという点です。これまでパソコンの中でだけ流れていたOSやソフトウェアのデータがすべてネットワークを流れるようになるため、ネットワークの負荷が増大します。このためシンクライアントの導入にはネットワーク環境の見直しが必要になることがあります。

　初期投資が大きくなることもデメリットです。前述のネットワーク環境の見直しも含めて、シンクライアント端末やサーバーの導入など、シンクライアントの導入には初期投資が必要になります。サーバーの部分に関しては、仮想デスクトップサービス（DaaS）を利用することで抑えることができますが、こちらの場合は月額費用がかかるため、費用対効果を考えて導入する必要があります。ネットワークに関しては、サーバーを利用した場合でもサービスを利用した場合でもネットワーク経由で利用することに変わりはないの

で、ほぼ確実に見直しが発生して費用がかかってくる部分になります。

シンクライアントには、

・1台のパソコンに対して1台のサーバーを用意する
・1台のサーバーの中に複数の仮想パソコンを作る
・1台のサーバー、1つのOSを複数人でシェアして利用する

などの方式があります。どの方式が最善というわけではなく、いずれの方式にもメリット／デメリットがあるため、自社の利用シーンを十分考慮して選択する必要があります。

## 7.4 ネットワーク監視のパターン

### 7.4.1 ネットワーク・サーバー監視のパターン

本章冒頭で、ネットワーク運用の仕事の1つに「監視」があると紹介しました。ここでは、ネットワークやサーバーを監視するパターンについて説明します。ネットワークやサーバーの監視では、「どこから」「何を」「どのように」監視するかが重要です。そのあたりも絡めて説明していきましょう。

リソース監視

サーバーやネットワーク機器のメモリ、CPU使用率、ディスク容量などを監視することを広く**リソース監視**といいます。これらの監視は、サーバーやネットワーク機器が動作する上でボトルネックが発生していないかということや、今後サーバーやネットワーク機器の動作に影響を与えるようなことが起こるのを事前に察知するために行います。

### トラフィック監視

　サーバーやネットワーク機器の通信量を監視することを**トラフィック監視**といいます。目的はリソース監視に近く、サーバーやネットワーク機器が動作する上でボトルネックが発生していないかということを見ます。サーバーやネットワーク機器の動作に影響を与える可能性を事前に察知するために行うもののうち、ネットワーク転送量に着目したものがトラフィック監視と呼ばれています。

　サーバーに対するアクセスが集中して帯域を使い切っていたり、WAN回線の帯域不足が発生していたりなどといった問題を発見するため、LAN/WAN双方の側面からネットワーク帯域を監視することが大切です。

　これら2つの監視は、主にLAN側に監視サーバーなどを設置して行うことが多いです（近年では監視サービスを提供するSaaSなどもあるためその限りではありません）。

　次に紹介するのは「外部から監視することに意味がある」監視です。

### 死活監視

　例えばWebサイトを運営している場合、Webサイトが常に正常に閲覧できているかは非常に重要です。そこで、サーバーが正常に動作しているかどうかを監視するのが**死活監視**です。

　中でも、インターネット経由でpingを送ったり、Webサーバーとは別の場所に設置した監視サーバーからインターネット経由でHTTPリクエストを送り、ステータスコードを確認し、200（OK）以外のときに通知をするなど「外部からの監視」を行うのが**外形監視**です。最近ではSSL/TLS証明書の有効期限が近づいていないかなども監視できるようになりました。

## 7.4.2 ● 監視ソフトウェア

　ネットワーク・サーバー監視ソフトウェアの中から、代表的なものをいくつか紹介します。

## Zabbix

　Zabbixはサーバー・ネットワーク・アプリケーションを統合監視できる
ソフトウェアです。OSS（オープンソースソフトウェア）として開発されて
いますが、ラトビアにあるZabbix SIAという会社が主体となって開発して
いるソフトウェアであり、無料ですべての機能が利用可能なことが特徴とし
て挙げられます（Zabbix SIAはソフトウェアライセンスではなくサポート
やトレーニングなどで収益を得ています）。

　機能面の特徴としては、設定をWebユーザーインタフェース上で行える
こと、ルールにもとづいて自動的に監視項目を取得／作成してくれる機能（ロ
ーレベルディスカバリ）があること、スクリプトを監視対象のサーバー上で
実行してその結果を取得できることなどが挙げられます。

## Nagios

　Nagiosは古くからある監視ソフトウェアです。Zabbixが単体でリソース
監視・トラフィック監視・死活監視のいずれにも対応しているのに対して、
Nagiosは基本的に死活監視を行うソフトウェアです。Zabbixが設定と監視
データのいずれもデータベースを使って管理しているのに対して、Nagiosで
は設定と監視データのいずれもテキストファイルで管理するのが特徴です。監
視設定は設定用のテキストファイルを編集することで行います。シンプルな
構成のため、プログラムによる設定の自動化などとの相性がよいのも特徴と
いえるでしょう。

## munin

　muninはサーバーから情報を取得しグラフ化するリソース監視のためのソ
フトウェアです。通知機能は持っていないため、Nagiosと組み合わせて利
用する例が多いです。

## Prometheus

　PrometheusはZabbixと同じカテゴリに属する統合的な監視ソフトウェ
アですが、監視対象が動的に変更されるような環境のリソース監視を意識し
た設計になっており、特にマイクロサービスの監視などで注目されているソ

フトウェアです。

### Elasticsearch

Elasticsearchは監視ソフトウェアではなく、データを集めて全文検索を行う機能を提供するソフトウェアです。ログ解析などの分野で活用されています。

### Grafana

Grafanaは監視ソフトウェアではなく、他の監視ソフトウェアやログ管理基盤が取得したデータを一覧表示できるダッシュボードを構築するためのソフトウェアです。ダッシュボードはWebインタフェースから利用でき、グラフ作成・配置の操作も簡単に行うことができます。Zabbixは単体でもグラフ表示に対応していますが、Grafanaは複数のZabbixサーバーのグラフを並べることや、複数のソフトウェアが混在している環境でもデータを並べて表示させることができます。

### Mackerel

MackerelはSaaSとして提供されている監視ソフトウェアです。サーバーの監視を主としておりネットワーク機器の監視はできませんが、導入が非常に簡単であることや、グラフ表示や設定がわかりやすいことから近年採用例が増えています。

### シンプル監視

シンプル監視はIaaSサービスである「さくらのクラウド」の一機能として提供されているサービスです。Ping/TCP/HTTP/HTTPS/DNS/SSH/SMTP/POP3の外形監視に対応しており、SSL/TLS証明書の有効期限監視にも対応しています。外形監視と通知に特化しており、通知はメールのほか、企業向けチャットツールであるSlackにも対応しています。

# Chapter 8

ネットワークのパターン

# 8.1

# 自宅ネットワークのパターン

## 8.1.1　宅内のネットワーク

　自宅のネットワークを、「宅内のネットワーク」と「インターネットへ出て行く部分」とに分けて見ていきましょう。

　宅内のネットワークには有線LANと無線LANとがあります（図8.1）。多くの場合、有線LANと無線LANが混在した環境になっているかもしれませんが、有線LANのみの環境や無線LANのみの環境もあることでしょう。

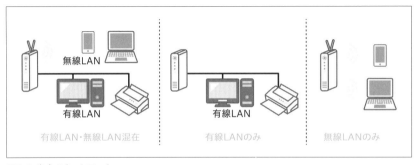

図8.1　宅内のネットワーク

　また、無線LANには2.4GHz帯と5GHz帯の2種類があります。2.4GHz帯は障害物に強く対応機器が多い、5GHz帯は速度が速く混雑が少ない、といった特徴があります。これも片方のみ使われている場合もあれば、両方使われている場合もあります。

　無線LANのルーター（アクセスポイント）には、**SSID**というものが設定されています。これは無線LANのアクセスポイントを識別するための名前であり、SSIDを指定することでパソコンやスマートフォンは無線LANに接続することができます。

　無線LANの暗号化方式の規格には、**WEP**、**WPA**、**WPA2**の3種類があります。このうちWEPについては脆弱性が見つかっているため、使うべきではありません。WPAとWPA2は利用可能ですが、WPAもWPA2に移行すべきであるとされており、特段の理由がなければWPA2を利用するべきです。

また、WPA2の改良版である**WPA3**も登場していますが、まだ普及していない規格であることや、早くも脆弱性が見つかっていることなどから、移行は本格的には進んでいないようです。

## 実習 自分のパソコンの無線LAN接続を見てみよう

自分のパソコンの無線LAN接続がどうなっているか見てみましょう。

無線LANに対応しているWindows 10パソコンでの確認方法を以下に示します。

［スタート］ボタン横の検索ボックスに「cmd」と入力して［Enter］キーを押し、コマンドプロンプトを開きます。コマンドプロンプトが開いたら、「netsh wlan show interface」と入力して［Enter］キーを押しましょう。

リスト8.1 netshコマンドの実行例

```
>netsh wlan show interface


システムに 1 インタフェースがあります:


    名前                : Wi-Fi
    説明                : Realtek RTL8822BE 802.11ac PCIe Adapter
    GUID                : e68dac55-936c-4902-a622-d5da21b62049
    物理アドレス        : 10:5b:ad:29:db:4f
    状態                : 接続されました
    SSID                : guest
    BSSID               : 06:0c:02:1b:2e:63
    ネットワークの種類  : インフラストラクチャ
    無線の種類          : 802.11a
    認証                : WPA2-パーソナル
    暗号                : CCMP
    接続モード          : 自動接続
    チャネル            : 40
```

```
受信速度（Mbps）      : 54
送信速度（Mbps）      : 54
シグナル              : 100%
プロファイル          : guest

ホストされたネットワークの状態： 利用不可
```

「認証」のところに、暗号化方式の規格が表示されます。ここでは「WPA2-パーソナル」と表示されています。

WPA2は前述のとおりですが、そのあとに付いている「パーソナル」とは何でしょうか。無線LANに接続する際にパスワードを入力しますが、このときにSSIDに対して共通のパスワードを使って認証を行うものが「パーソナル」です。また、IEEE 802.1Xを使用して認証を行うものは「エンタープライズ」となります。

## 8.1.2 インターネットへつなげよう

自宅の中からインターネットへ出て行く部分はどうなっているでしょうか。インターネットへつながるための回線には、光回線やADSLなどの固定回線のほか、携帯電話の電波やWiMAXなどの無線回線も存在します（図8.2）。ADSLはNTTの収容局からの距離や間にある障害物などで速度が大きく変わりますが、光回線の場合はそれらの影響を受けず、比較的安定した速度が出るようになっています。

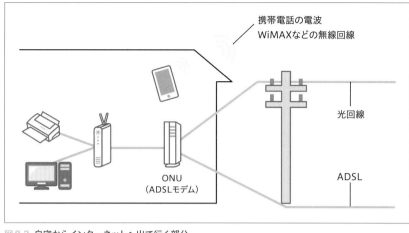

図8.2 自宅からインターネットへ出て行く部分

　一時的に利用したい場合や、光回線などの固定回線のエリア外の場合は無線回線が便利なのですが、通信量の制限や速度規制などが設けられていることがあり、あまり大きなデータ量の通信を流すのには向いていないことが多いので注意しましょう。制限事項などはサービスによって異なるため、契約前に必ず確認することをおすすめします。

## 8.2　会社ネットワークのパターン

### 8.2.1　会社の中のネットワーク

　会社のネットワークでは、**VLAN**という技術を使ってLANを分割することがあります。VLANとは、物理的な接続とは独立した形で仮想的なLANを作る技術です。図8.3では、左側が1つのVLANで構成されたネットワークで、右側がVLAN10とVLAN20という2つのVLANに分けられたネットワークになっています。

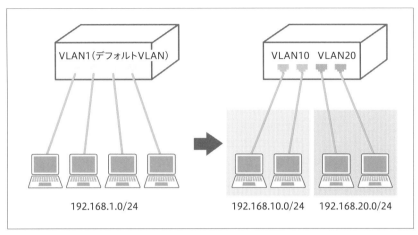

図8.3 VLANの例

　VLANの特徴はいくつかあります。1つ目はブロードキャストドメインの分割です。LAN全体への通信を行うブロードキャストについてはChapter 2で説明しましたが、この通信が届く範囲のことを**ブロードキャストドメイン**と呼んでいます。

　ブロードキャストはLAN全体に通信を行うので、対象となるコンピューターやネットワーク機器の台数が多ければ多いほどネットワークに負荷がかかります。例えば対象が400台あるところを100台ずつ4つに分割するなど、この範囲を狭めて通信量の削減を図るのがブロードキャストドメイン分割の考え方です。

　ブロードキャストが使われる例として挙げられるのが、「2.1.3　アドレス」で解説したARPです。ARPはブロードキャスト通信を使って対象のMACアドレスを見つけています。このため動作するたびにLAN全体にトラフィックが流れています。

　VLANの特徴の2つ目としては、複数のスイッチにまたがって設定できることが挙げられます。例えばVLAN10を「管理部」、VLAN20を「技術部」といったように、会社の部署ごとにVLANを分けていて、かつビルの中の違うフロアにまたがって両部署の人がいる状況だとしましょう（図8.4）。このような場合でも、各フロアに各部署用のVLANを配置することができます。

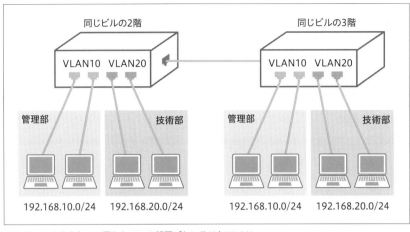

図8.4 フロアをまたいで置かれている部署ごとに分けたVLAN

ここで、左側のスイッチと右側のスイッチを結ぶLANケーブルには VLAN10とVLAN20の通信が流れているわけですが、それぞれのVLANの 通信にVLAN番号（タグ）を付けて区別することで、1つのLANケーブルの 中に複数のVLANの通信を流せるようになっています。これを**タグベース VLAN**と呼びます。

各スイッチにはVLAN番号が設定されたポートがあり、ここでタグが外さ れて通常のLANの通信として各VLANに流れていきます。このポートに対 してVLANが設定されているものを**ポートベースVLAN**と呼びます。コンピ ューターをつないで使うときに使用するのがポートベースVLANで、スイッ チとスイッチの間にVLANを通すのに使うのがタグベースVLANです。ス イッチとスイッチの間にVLANを通すことで、別々のスイッチでも同じVLAN に所属していれば通信できるようになります。

## 8.2.2 会社の事業所間をつなぐネットワーク

社内の話をしましたが、今度は会社の外を見てみましょう。会社の本社と そこから離れた各事業所をつなぐネットワークにはどのような種類があるの でしょうか。

企業向けのネットワークには**アクセス回線**と**網**という基本的な考え方があ

ります。各拠点と網をつなぐWAN回線のことをアクセス回線、アクセス回線どうしの通信をとりもち、各拠点間の通信を通すために使われているのが網です。

　ここでまず紹介するのは、**閉域網**を使った拠点間接続のサービスです。閉域網とは、インターネットを経由しない閉じた網、という意味になります。サービスの変遷が非常に多かった分野ですが、今日においても現役で使われているのが「広域イーサネット」と「IP-VPN」です。

### 広域イーサネット

　**広域イーサネット**はその名のとおり、拠点間をイーサネットで接続するイメージです（図8.5）。レイヤー2接続（WAN越しにLANをそのまま延長するイメージ）になるので、全体を1つのLANネットワークセグメントとすることも可能です。レイヤー2なのでIP以外のプロトコルを通すこともでき、また各拠点のネットワーク機器の設定も自社で管理することになるので、ネットワークに高い自由度が必要な要件に適しています。

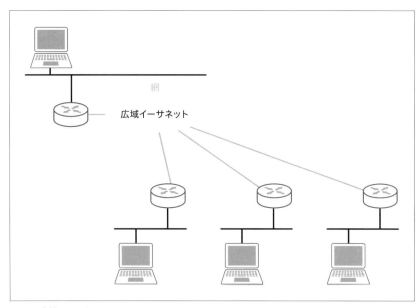

図8.5　広域イーサネット

### IP-VPN

**IP-VPN**は、WAN回線を使って通信事業者の閉域網にレイヤー3接続（間にルーターを挟んでLANとLANを接続するイメージ）します（図8.6）。各拠点に設置されるルーターとその対向の網側のルーター、いずれも設定や管理は通信事業者に委託することになります。

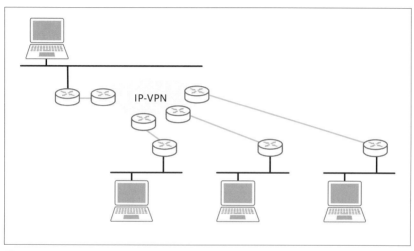

図8.6 IP-VPN

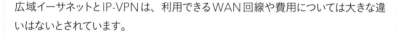

**TIPS**

広域イーサネットとIP-VPNは、利用できるWAN回線や費用については大きな違いはないとされています。

### インターネットVPN

拠点間の通信を閉域網ではなくインターネットを使って行うものは、**インターネットVPN**と呼ばれます（図8.7）。インターネットVPNについてはこの先で詳しく解説していきます。

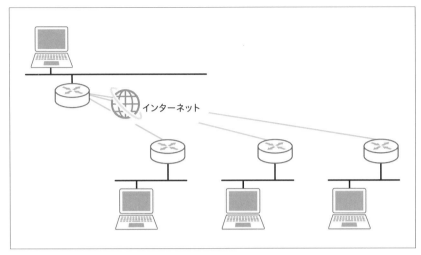

図8.7 インターネットVPN

専用線

また、今日においては網とアクセス回線という概念がある**拠点間ネットワーク**が中心になっていますが、A地点とB地点を直接結ぶ**専用線**と呼ばれるサービスも存在します。回線費用はA地点とB地点の距離をもとに計算され、これに回線帯域の要素が加わって価格が決定します。

### 8.2.3 アクセス回線の種類

前項で紹介した広域イーサネットやIP-VPNで登場した、企業の拠点間を結ぶための回線サービスについて、もう少し細かく見ていきましょう。

先述したように、これらのサービスを構成する要素として「網」と「アクセス回線」があります。網は各拠点間の通信を通すために使われるものですが、アクセス回線は各拠点と網とをつなぐWAN回線のことです。網については、広域イーサネットであれば広域イーサネット網、IP-VPNであればIP-VPN網といったように「サービス＝網」といったイメージでとらえてもらえれば大丈夫です。

アクセス回線には、表8.1に示すようないろいろな種類があります。

| メニュー | 概要 | 提供地域 | 品目 |
|---|---|---|---|
| バーストイーサタイプ | 帯域保証ありのサービス | 全国 | バースト10<br>バースト100 |
| NTT.Com光アクセス利用 | NTTコミュニケーションズが提供する回線サービス（ダークファイバー[1]） | 全国 | 10Mbps、100Mbps、1Gbps<br>ポート速度は0.5Mbps〜1Gbps |
| NTT東日本・西日本ワイド利用 | NTT東西会社の回線サービスを使用 | 全国 | 0.5Mbps〜100Mbps |
| 電力系NCC利用 | 電力系地域通信会社の回線サービスを利用 | 各地域の会社による | 10Mbps、100Mbps、1Gbps<br>ポート速度は0.5Mbps〜10Mbps、10Mbps〜100Mbps、100Mbps〜1Gbps |
| STMタイプ | NTT東西会社のデジタルアクセス（ISDN[2]）を利用 | 担当者に問い合わせが必要 | 64kbps〜128kbps |

表8.1 アクセス回線の種類の例（NTTコミュニケーションズ Arcstar IP-VPNの場合）

　これほど多くの種類がある理由は、通信に対するさまざまなニーズに対応するためです。例えば規格上の最高速度は決まっていて、実際にどのくらいの速度が出るかは完全にそのときの環境による、といったような回線サービスを**ベストエフォート型**と呼びます。一方で、規格上の最高速度の他に「どんな状態でもこの速度が出ることを保証します」という保証帯域を決めることができるものを**ギャランティー型**と呼びます。価格はベストエフォート型のほうがギャランティー型よりも安くなります。

　そのためベストエフォート型のアクセス回線が用いられるケースが多いのですが、一方、非常に重要なデータを流している場合ではギャランティー型のアクセス回線が選択されます。

---

1　ダークファイバー：敷設された光回線のうち使用されていないもの。NTTコミュニケーションズのNTT.Com光アクセスでは、光回線の設備を持った会社から使用されていない部分を借りてサービスを提供しています。

2　デジタルアクセス（ISDN）：従来からある電話回線の中をデジタル信号を流して通信する方式。電話回線を使用するので対応エリアが広いことが特徴ですが、速度は64kbps〜128kbpsと低速。

#### 使い分けの基準

これらのアクセス回線の使い分けですが、主に3つの基準があります。

1つ目は「保証帯域ありにするか、なしにするか」です。帯域保証が必要な場合はバーストイーサタイプを選択し、帯域保証が必要でない場合は別のタイプを選びます。

2つ目は「どの会社の回線を採用するか」という点です。これは、例えば「メイン回線としてNTT.comの光アクセスを採用し、サブ回線として電力系NCCを採用する」と、会社が違うために同時障害を避けられる可能性がある（これを**冗長性**と呼びます）という観点から採用されます。

3つ目は「そもそもその場所にその回線を敷設可能か」ということです。光回線でもどの業者の回線がどこに引けるかは違いますし（最近はだいぶ差はなくなりましたが以前はかなり差がありました）、設備上の都合で光回線が敷設できず、従来の電話線を採用するSTMタイプを選択する、というケースもないわけではありません。このようなケースは光回線のエリア拡大によりだんだんと減っていき、配管などの問題からその部屋に光回線を引き込めないといった場合に採用される程度となりました。余談ですが、光回線が普及する以前はADSLもアクセス回線として多く使われていましたが、光回線のエリア拡大と価格低下により、次第に光回線に切り替えられています。

### COLUMN

**ADSL時代の苦労**：NTT東日本および西日本より、2023年1月末にフレッツ・ADSLの提供を終了するというアナウンスがありました。ADSLは光回線が普及する以前、携帯電話も今ほど通信速度が速くない時代に、インターネットの普及を支えてきました。そんなADSLですが、インターネット回線の他に、前項でも紹介したIP-VPNや広域イーサネットのアクセス回線として用いられた時代がありました。ADSLはアナログ回線を用いているためノイズに弱く、距離が長くなったりISDNのようなデジタル回線と干渉すると減衰するという特徴があり、それに苦労することもありました。かつて、筆者は企業の情報システム部門に所属し、日本全国の拠点と拠点とをネットワークで結ぶ仕事をしていました。ある工場にADSL回線を引き込んだ際のことです。NTTの局舎から回線敷設場所までの距離は、電話番号で調べます。大体の場合ビルの代表電話番号で調べることが多く、NTTの局舎から代表電話番号で調べたところでは、長いけれどもなんとかなるだろうというレベルでした。

しかし実際に開通試験をしてみると、接続はできるもののサービスとして提供できる回線速度を下回っていました。調べてみると、その工場は非常に広く、NTTからやってきた電話回線をまとめる場所（MDF）から回線の敷設場所まで2kmもありました。事前に調べた距離よりも長く、予想以上に減衰したのです。

さらに運の悪いことに、工場の敷地内には大きな川が流れていて、MDFと回線敷設場所はその川を挟んだ場所にありました。川の存在はノイズ源となるので、さらに回線速度が落ちるという結果になりました。

この他にも、一時的な道路工事のために回線速度が遅くなった例や、MDFに大量のデジタル回線が接続されていて大幅に減衰した例など、非常に苦労してネットワークを運用していた時代がありました。今では光回線が主流になり非常に安定した速度が出るようになったことや、携帯電話の通信速度も当時とは比べものにならないほど速くなったことなど、通信インフラの進歩を感じます。

## 実習 会社ネットワークを設計してみよう

ここで会社ネットワーク設計の実習をしてみましょう。

図8.8のLANにVLANを割り当てていく演習をします。2台のスイッチの間はポート1どうしで接続され、この間にタグVLANで複数のVLANを流しています。部署ごとに表8.2のようにVLANを分けます。

| VLAN | 部署 |
|---|---|
| VLAN10 | 管理部 |
| VLAN20 | 技術部 |
| VLAN30 | 営業部 |

表8.2 部署ごとのVLAN

上のスイッチと下のスイッチのポート2~5にはそれぞれどのVLANを割り当てるでしょうか。

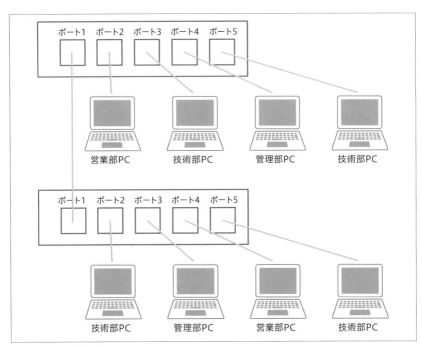

図8.8 VLANの割り当て

正解は表8.3、表8.4になります。

| ポート | VLAN |
| --- | --- |
| ポート2 | VLAN30 |
| ポート3 | VLAN20 |
| ポート4 | VLAN10 |
| ポート5 | VLAN20 |

表8.3 上のスイッチ

| ポート | VLAN |
| --- | --- |
| ポート2 | VLAN20 |
| ポート3 | VLAN10 |
| ポート4 | VLAN30 |
| ポート5 | VLAN20 |

表8.4 下のスイッチ

# 8.3 インターネットVPN

## 8.3.1 インターネットVPNの特徴

　会社の拠点間をつなぐネットワークとして先ほど紹介した広域イーサネットとIP-VPNは、「インターネットを経由しない閉じた網」である閉域網を使った拠点間接続のサービスです。一方、**インターネットVPN**（Virtual Private Network）は、インターネット上に作られた仮想的な専用ネットワークです。各拠点にインターネット回線を敷設し、VPN装置を設置して各拠点間をVPNによって接続することで、閉域網を使ったネットワークよりも比較的安価に拠点間接続を実現することができます（**拠点間VPN**）。また、ここでネットワークの中に作る論理的な通り道のことを**トンネル**と呼んでいます。

　また、外出先にあるパソコンと、拠点にあるVPN装置とでトンネルを作り社内ネットワークに接続する、**リモートアクセスVPN**という形態も多く用いられています（図8.9）。

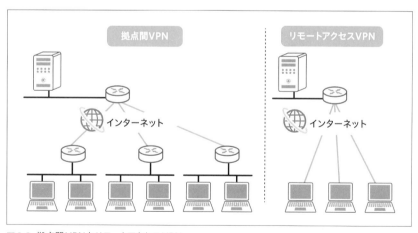

図8.9　拠点間VPNとリモートアクセスVPN

　インターネットを介していれば、常に盗聴や改ざんなどのリスクが伴います。そこでVPNは、認証や暗号化のためのさまざまな技術を用いて、セキュリティを強化する必要があります。

## 8.3.2　VPNの方式

以下にVPNの方式を紹介します。VPNに必要な機能は、

① トンネルを作ること
② 暗号化すること
③ 認証すること

の3つです。以下に紹介する方式のうちIPsec-VPNとSSL-VPNは①②③の
機能すべてを持っていますが、L2TPは①のみで②③の機能を持っていない
ため、②③の機能についてはIPsec-VPNの機能を使って実現しています。そ
のためこれらの方式はまったく別に存在しているだけではなく、「足りないも
のを補う」という補完関係もあるといえます。

### IPsec-VPN

**IPsec-VPN**は、IPsecを使って暗号化を行うVPNの方式です。IPsecは、
暗号技術を使って通信の完全性や機密性を実現する仕組みです。トンネル構
築から暗号化までIPsecの技術範囲に含まれています。

### SSL-VPN

**SSL-VPN**は、SSL/TLSを使って暗号化を行うVPNの方式です。従来は
「アプリケーションごとに正常に動作するか確認が必要」など、制約が大きか
った方式ですが、近年は他の方式と同様にトンネルを構築して通信を通し、
SSL/TLSを使って暗号化を行うことで、他のVPN方式とほとんど変わらず
使えるようになりました。

### L2TP

**L2TP**はネットワーク間に仮想的なトンネルを構築する技術です。L2TP自
身には暗号化や認証の仕組みはないため、IPsec-VPNと組み合わせて通信内
容の暗号化や認証を行い、データの機密性や完全性を確保します。

### 8.3.3 • インターネットVPNによる拠点間接続とリモートアクセス

ここでは、インターネットVPNにおける拠点と拠点の接続方法や、外出先からの接続などについて見ていきましょう。

最も基本となるのが、拠点と拠点とを一対一で接続する方法です（図8.10）。

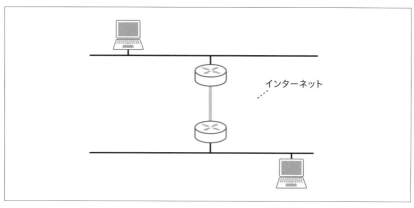

図8.10　拠点と拠点を一対一で接続する

続いて、拠点が3つ以上ある場合の拠点間接続について見ていきます（図8.11）。主たる拠点（例：本社）を中心に、各拠点と接続する方式をスター型と呼びます。本社以外の拠点間の通信も、必ず本社を経由して行われるのが特徴です。デメリットとしては、各拠点間の通信が多い利用ケースにおいて、本社を経由することが通信上のボトルネックになる可能性があることです。

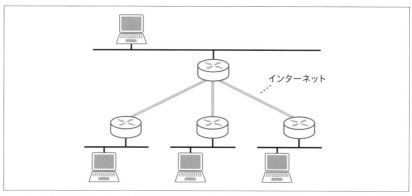

図8.11　拠点間VPN（スター型）

それに対して、すべての拠点どうしを直接接続するのがフルメッシュと呼ばれる方式です（図8.12）。拠点間の通信が多い場合に主たる拠点がボトルネックにならないことがメリットとして挙げられますが、管理は煩雑です。接続する拠点が1拠点増えた場合、全拠点の設定変更を行う必要があります。近年ではフルメッシュの拠点間接続を自動的に管理してくれる機能を提供しているネットワーク機器メーカーもあります。

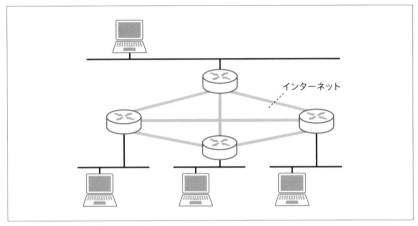

図8.12 拠点間VPN（フルメッシュ）

次に示す構成例は、インターネットVPNで障害が発生した際に、ISDN経由で接続して通信を継続するバックアップ回線付きのケースです（図8.13）。メリットとしては回線の二重化により耐障害性が増していることが挙げられます。デメリットとしてはISDN接続に対応した専用のルーターが必要であることと、ISDNが従量課金であるためネットワーク費用の変動要素になること（企業によってはインフラコストが変動することを望ましくないとするケースもあります）、ISDNの回線速度が遅いこと、などが挙げられます。

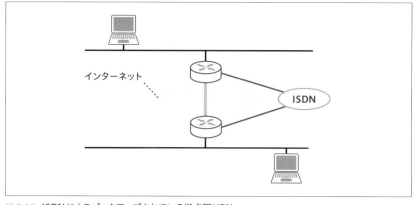

図8.13 ISDNによりバックアップされている拠点間VPN

　また、近年ではバックアップ回線にISDNのような固定回線ではなく、LTEなどのモバイルネットワークを利用するケースもあります。メリットはISDNよりも高速であること、契約プランによっては定額にできることなどがあります。デメリットとしては、メインで使用している光回線などと比較すると、速度制限などがかかりやすく制約の多い回線であることが挙げられます。

　また、インターネットVPNでは、拠点と拠点とを接続するほか、ノートパソコンなどからインターネット経由でルーターにVPN接続するような利用方法もあります（リモートアクセスVPN。図8.14）。接続した拠点を経由して他の拠点と通信することもできます。

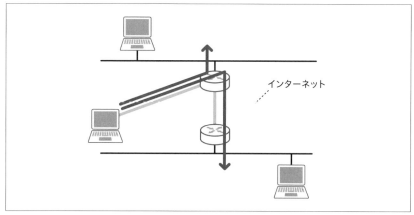

図8.14 リモートアクセスVPN

　続いて紹介するのは、企業ネットワークの内部にサーバーがあり、これに
アクセスする場合の経路についてです。最も多いケースとしては、本社にサ
ーバーが設置されていて、本社や各拠点から接続するような場合が挙げられ
ます（図8.15）。

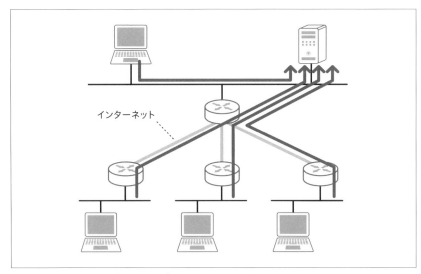

図8.15　企業ネットワーク内部のサーバーにアクセスする経路

　サーバーを本社に置かず、ファシリティ的に安定しているデータセンター
に置くケースもあるでしょう。こちらの場合は、図8.16に示すような4つの
考え方があります。

- 本社を主拠点とみなして、本社経由でデータセンターにアクセスする
- データセンターを主拠点とみなして、データセンターを中心としたスター
  型のインターネットVPNとする
- フルメッシュとして各拠点から直接データセンターへアクセスする
- 本社とデータセンターの両方を主拠点とみなして、それぞれとVPN接続す
  る（各拠点は2本VPNを張る形式になる）

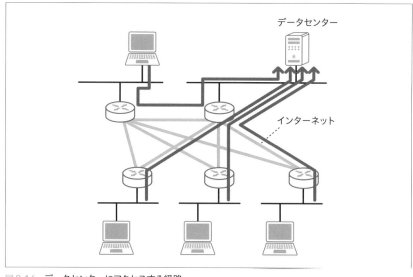

図8.16 データセンターにアクセスする経路

　近年では物理的なデータセンターからクラウド（IaaS）を利用するように
変化した企業もあるでしょう。IaaSにもVPN経由で各拠点と接続する機能
が用意されており、安全にサーバーへアクセスすることができます（図8.17）。

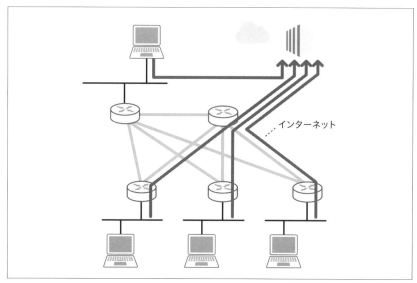

図8.17 IaaSのサーバーにアクセスする経路

クラウドをあたかも拠点の1つのように接続するためにはインターネットVPNしかない、というわけではなく、先述した広域イーサネットやIP-VPNでもクラウドへの接続オプションが用意されていたりしますし、クラウド事業者が提供する専用回線サービスも存在します。クラウドごとに異なるので、使用するクラウドの場合にはどのような方法があるか調べてみることが必要です。

## 8.3.4 ゼロトラストネットワーク

**ゼロトラストネットワーク**とは、厳しいID検証プロセスにもとづいたネットワークモデルです。ゼロトラストネットワークの考え方自体は2010年にForrester Research社により提唱されたものであり、さほど新しい考え方ではありませんが、近年、ネットワーク境界[3]での防御の限界も見えてきており、ゼロトラストネットワーク導入のための環境も充実してきたことや、コロナ禍の影響によりリモートワーク前提の社会となり、システムにアクセスする場所に左右されない利用形態が求められてきたことなどから、推奨されるようになってきたものです。

ここまでで紹介してきたリモートアクセスVPNでは、外部ネットワークから内部ネットワークへの接続をもってシステムへのアクセスを許可していました。ゼロトラストネットワークでは、内部ネットワークからのアクセスであっても信用しないという考え方にもとづいて、アプリケーションへのアクセス（＝セッション）単位でのアクセス許可という方式を取ります。

あるアプリケーションに対してアクセスする場合、社内からのアクセスでも社外からのアクセスであっても、統一された認証基盤による**パスワード認証**に加え、**多要素認証**（ワンタイムパスワード）などを併用してID検証プロセスを厳しく行います。ID検証プロセスによって許可されたアクセスは、そのアプリケーションに対してのみ許可されます。VPNだとネットワークへの接続ですから、1回の接続プロセスで複数のアプリケーションに対してアク

---

[3] ネットワーク境界とは、信頼できるネットワーク（社内LANなど）と信頼できないネットワーク（一般的には不特定多数のユーザーがいるインターネットのことを指します）との境目のことで、その境目はファイアウォール、UTM、ルーターなどで区切られ防御されます。

セスが可能になりますが、ゼロトラストネットワークにおいてはアプリケーションごとにID検証プロセスが行われ、通信が許可されます。

この仕組みが普及し、すべてのアプリケーションに対応したとき、これまでの社内ネットワークという概念がなくなり、あるのはインターネット回線と、ゼロトラストネットワークの仕組みによって隠匿されたアプリケーション群となる未来を描いている会社もあります。

## 8.4
# Webサービスネットワークのパターン

### 8.4.1 クラウドか？　物理か？

よほど大規模でない限りは、Webサービス事業者が自前でバックボーンネットワークを構築してインターネットに接続することはないので、ここではホスティング／ハウジングやクラウド（IaaS）を利用することを前提に考えてみましょう。

いずれの場合も、グローバルIPアドレスが割り当てられた先、インターネットまでの接続におけるネットワーク構成は事業者側の管理となり、見えない（見ることのない）部分になるということです。回線帯域については、選択が可能なサービスもあります。専用ホスティングサービスやハウジングサービス、大手クラウド事業者であればほぼ選択可能でしょう。もちろん事業者ごとに異なる部分なので、確認は必要です。

### 8.4.2 クラウドにおけるネットワーク

クラウドでは多くの場合、使った分だけ課金されるという価格体系なので、ネットワークの料金にも転送料課金という考え方があります。この考え方では、インターネット側からクラウドへの通信（インバウンドトラフィック）

については課金されないことが多いです。課金対象となるのはクラウドからインターネット側への通信（アウトバウンドトラフィック）です（図8.18）。

このため、CDNなどを活用してトラフィック量を削減し、コストの最適化を図ります。CDNも転送量によってコストがかかりますので、全体を見てコストとパフォーマンスのバランスを取りながら決めていきます。

インバウンドトラフィック

アウトバウンドトラフィック

インターネット　　　　　　　　　　　　　　　　　　　　　クラウド

図8.18 インバウンドトラフィックとアウトバウンドトラフィック

### 8.4.3 Webサービスのネットワーク構成

Webサーバーは常時インターネットに公開されていてサービスを提供します。DBサーバーはインターネットに公開せず、プライベートネットワークでWebサーバーと通信する構成が一般的ですが、WebサーバーとDBサーバーを1台のコンピューターとする場合もあります（図8.19）。

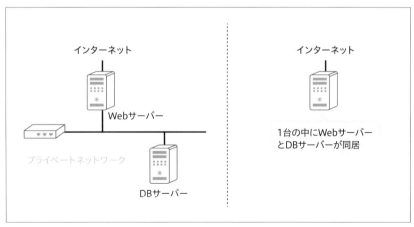

インターネット

Webサーバー

プライベートネットワーク

DBサーバー

インターネット

1台の中にWebサーバーとDBサーバーが同居

図8.19 WebサーバーとDBサーバーの構成例

　WebサーバーとDBサーバーを複数用意して処理性能を高めたり、耐障害性を高めたりする構成もあります（図8.20）。ロードバランサー（L4スイッチ／L7スイッチ）やリバースプロキシを使ってトラフィックを分散します。

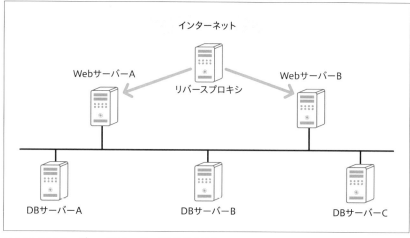

図8.20　Webサーバー・DBサーバーが複数ある場合

　前面にこれらを配置することでオリジンサーバーへのアクセスを軽減し、システム全体の性能を高めています。この構成では、Webサイトの画像を別ホスト名にしてCDN経由にすることで画像のトラフィック量を減らすとともに、サイト閲覧速度の高速化を図っています。

# 8.5 インターネットの相互接続のパターン

### 8.5.1 インターネットの相互接続

　Chapter 1で紹介したとおり、インターネットは世界中のさまざまな組織のネットワークが相互接続されたもので、この組織の単位のことを自律システム（AS）と呼びます（本書では「組織」と呼んでいます）。そしてこの組織がたくさんつながりあったものがインターネットというわけです。組織の例として、OCNやniftyといったインターネットサービスプロバイダ（ISP）が挙げられます。ここでは、インターネットにおいてそれぞれの組織がどのように相互接続しているかを詳しく説明していきましょう。

　組織間の接続には、大きく分けて**ピアリング**と**トランジット**という2つの形態があります。ピアリングは、組織どうしが他の組織を介することなく直接通信するもの、トランジットは、ある組織が他の組織への接続を提供するもののことを指します（図8.21）。

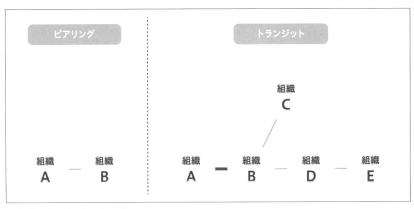

図8.21　ピアリングとトランジット

## 8.5.2 ピアリング

ピアリングは「組織どうしが他の組織を介することなく直接通信するもの」という説明をしました。ここではもう少し具体的に見ていきましょう。

ピアリングするための条件には、「何らかの方法で組織どうしが物理的に接続されていること」「組織どうしでルーティング（どのような経路で通信を行うか制御する）を行うための調整・設定が行われていること」の2つがあります。

またこれらの条件の他に、各組織では「そもそもピアリングを受け入れるかどうか」を決定するための「**ピアリングポリシー**」というものを定めています。

ピアリング自体は原則として無償で行われますが、組織の規模が異なる（一方が大きくもう一方が小さい）場合などは、有料でピアリングを行うケースもあります。これを**ペイドピアリング**と呼んでいます。

### プライベートピアリング

組織どうしを専用の回線を使い、一対一で直接接続する形態です（図8.22）。ある特定の組織との通信量が多い場合にこの形態が選択されます。

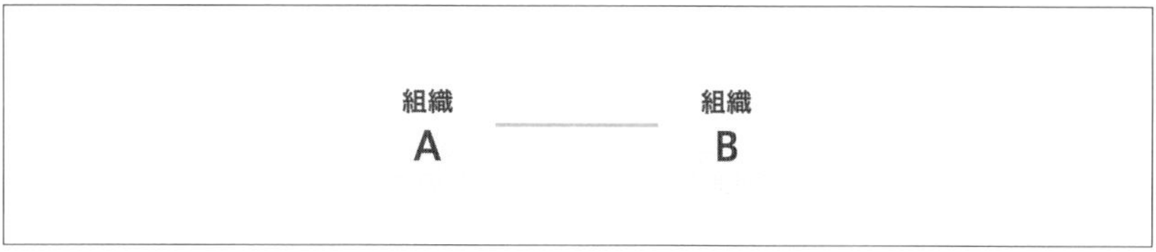

図 8.22　プライベートピアリング

直接接続するための回線コストが重要になるため、多くの都市では、通信事業者やコンテンツ事業者（いわゆる「組織」の単位をなす事業者）がある特定のビルの中に通信拠点を設置して、ビル内の回線を通じて相互接続する形になっています。このような通信事業者が集積しているビルのことを**キャリアホテル**などと呼ぶことがあります（図8.23）。東京ではKDDI大手町ビルやEquinix社のTY2データセンターなどがキャリアホテルとして知られています。

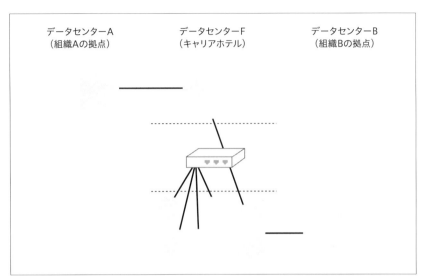

データセンターA　　　　　　　　データセンターF　　　　　　　　データセンターB
（組織Aの拠点）　　　　　　　　（キャリアホテル）　　　　　　　（組織Bの拠点）

図8.23 キャリアホテルを介したピアリング

　**インターネットエクスチェンジ（IX）** と呼ばれる相互接続点を介して、多
対多のピアリングを行う形態です（図8.24）。IXを管理する事業者が運営す
るL2スイッチ群に多数の組織が物理的に接続し、その上でこのIXに接続し
ている組織どうしが論理的にピアリングを行うか個別に決定します。こうす
ることで、多くの物理的回線を敷設することなく、多くの組織とピアリング
が行えるようになります。

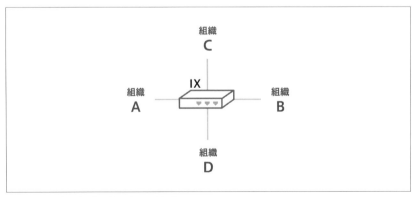

組織
C

IX

組織　　　　　　　　　　　　　組織
A　　　　　　　　　　　　　　B

組織
D

図8.24 インターネットエクスチェンジ（IX）

IXへの接続には、IXのL2スイッチ群が設置されている接続拠点までの回線を用意する必要があるほか、多くの場合はIX事業者に接続料金を支払う必要があります。日本においては、IXは株式会社などの営利法人によって運営されており、IX運営自体をもって組織の収益とするケースが一般的ですが、他国ではNPO法人が非営利事業としてIXを運営している場合や、データセンター事業者が本業であるデータセンター事業の集客のために比較的安価な価格設定をするなど、IX運営自体をもって組織の収益とはしないケースも見られます。さらに、無料のIXが一般的な国もあります。

日本における代表的なIX事業者には以下のようなものがあります。

・JPIX（KDDI系列）
・BBIX（ソフトバンク系列）
・インターネットマルチフィード（NTT系列）

## 8.5.3 ● トランジット

**トランジット**は、ある組織が接続している別の組織に対してインターネット全体への接続性を提供する方式です。基本的に有償の通信サービスとして提供されます。1本の回線と1つの組織への接続によってインターネット全体への接続を得られることから、トランジットへの接続コストがかかる一方回線コストやピアリングのための調整を省略できるというメリットがある方式です。

図8.25の例では、組織Bが組織Aに対してトランジットサービスを提供しているものとします。組織Aは組織Bと接続することで組織C／組織D／組織Eとも通信ができるようになります。

トランジットサービスであっても、ブランディングのためにIXと称するケースがあります。このため、名称だけではIXなのかトランジットなのかを判断することはできません。インターネットトラフィックに関する国際的な研究機関であるPacket Clearing House（PCH）の情報にもとづいて、IXかトランジットか分類されるケースがあります。

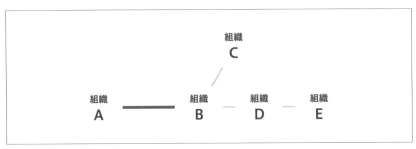

図8.25 組織Bが組織Aに対して提供するトランジット

## 8.6

# ネットワークの冗長化

冗長化とは、一部に何らかの障害が発生した場合に備えて、障害発生後でも機能を維持し続けられるように、予備となる機器を平常時からバックアップとして配置し運用しておくことです。この節では、ネットワークの信頼性を高めるためにネットワークの冗長化を行う際の具体的な手法について説明します。

### 8.6.1 ボンディング／チーミング

**ボンディング／チーミング**は、複数のポートを束ねて使うことです（図8.26）。例えば1台のサーバーに複数のLANポートを用意して、その1つが故障しても通信を継続できるようにします。大きく分けて3種類のパターンがあります。

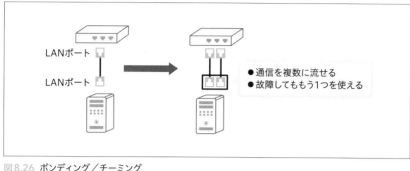

LANポート

LANポート

● 通信を複数に流せる
● 故障してももう1つを使える

図8.26 ボンディング／チーミング

### ロードバランシング（Load Balancing）

通信を複数のLANポートに分散して流すことで通信速度の向上を目指します。

### リンクアグリゲーション（Link Aggregation）

複数のLANポートを束ねて論理的な1つのLANポートとして扱います。複数のLANポートに通信を流せるので帯域幅が増えるのと、いずれかのLANポートに障害が発生しても、正常なLANポートを使って通信を継続できるようになります。

### フォールトトレランス（Fault Tolerance）

上記2つとは違い、純粋に耐障害性を高めるために用いられます。2つのLANポートを束ねて、1つをアクティブ、もう1つをスタンバイとします。アクティブのLANポートに障害が発生した場合にスタンバイに切り替わり通信を継続します。

## 8.6.2 マルチホーミング

**マルチホーミング**とは、インターネットへの通り道であるインターネット回線を複数契約し、トラフィックを分散して速度の向上を図ったり、いずれかのインターネット回線に障害が発生しても別の回線を使用して通信を継続できるようにしたりするものです（図8.27）。

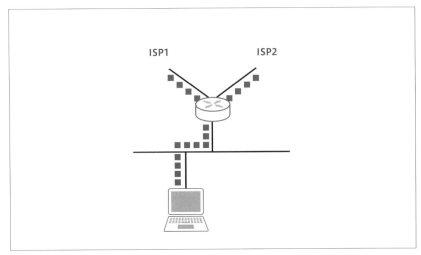

図8.27 マルチホーミング

　複数のインターネット回線の契約はいずれの場合も必須になりますが、BGPというダイナミックルーティングプロトコルを使って自前で運用していく方法と、マルチホーミングに対応した専用のアプライアンスを使う場合とがあります。BGPの運用は比較的安価なルーターなどでも対応しており、専用のアプライアンスを使う場合と比較すると初期費用は抑えることができる一方、BGPに精通した技術者が必要になることから運用コストが高くなる傾向にあります。専用のアプライアンスを使用する場合はアプライアンス導入にかかる初期費用が高くなりますが、運用コストを抑えることができます。

### 8.6.3 スパニング・ツリー・プロトコル

　**スパニング・ツリー・プロトコル**はLANの冗長化技術の1つです。L2スイッチは経路を制御する機能がないため、複数の経路ができるようにつないでしまうと、ループが発生してしまいます。そこでスパニング・ツリー・プロトコルでは、各L2スイッチが情報のやりとりをして、複数の経路がある場合に1つの経路以外をブロッキングしてループを防ぎます。そのとき選ばれた経路に障害が発生した際には、再度情報のやりとりが行われて正常な経路が開放されます。

### 8.6.4 ○ **VRRP**

**VRRP**（Virtual Router Redundancy Protocol）は、ルーター（または
L3スイッチ）を冗長化するための技術です（図8.28）。シスコシステムズで
は独自にHSRP（Hot Standby Router Protocol）という冗長化技術を採用
していますが、基本的な部分は一緒です。

ルーターを2台にしてネットワークを冗長化した際に、ルーターAとルー
ターBを論理的な1つのまとまりとして、片方をアクティブ、片方をスタン
バイとし、アクティブ側に障害が発生してもスタンバイ側に切り替わり通信
を継続します。

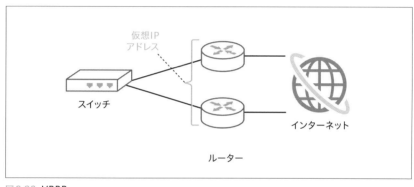

図8.28 VRRP

VRRPの肝となっているのが仮想IPアドレスという仕組みです。論理的な
1つのまとまりを表現するために仮想的なIPアドレスを割り当て、各コンピ
ューターはそのIPアドレスを宛先とします。ルーターAとルーターBへは仮
想IPアドレスから通信が転送されるわけですが、ルーターAとルーターBの
それぞれのインタフェースもIPアドレスを持っています。

IPアドレスの持ち方には2種類あります。1つ目は、アクティブになってい
るルーターのIPアドレスを仮想IPアドレスとして使用するケースです。2つ
目は、仮想IPアドレス・ルーターAのIPアドレス・ルーターBのIPアドレ
スをそれぞれ別々に用意し、ルーターAがアクティブの場合は仮想IPアドレ
ス→ルーターAのIPアドレスと転送され、ルーターBがアクティブの場合は
仮想IPアドレス・ルーターBのIPアドレスへ転送されるというケースです。

## 実習 冗長化構成の理解度チェック

　ここで冗長化構成についての理解度チェックをしてみましょう。対象となるネットワークを図8.29に示します。

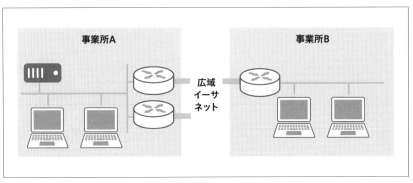

事業所A　　　　　　　　　　　　事業所B

広域
イーサ
ネット

図8.29　対象となるネットワーク

　事業所Aと事業所Bの2拠点間を結ぶネットワークで、事業所AにはサーバーがあるのでルーターをVRRPで冗長化しています。それぞれのIPアドレス範囲は以下になります。

　　事業所AのLAN：192.168.1.0/24
　　事業所BのLAN：192.168.2.0/24
　　広域イーサネット網内のIPアドレス：192.168.100.0/24

※広域イーサネットは閉域網なので、拠点間の接続にプライベートIPアドレスを用います。広域イーサネットについては「8.2.1 会社の中のネットワーク」を参照ください。

　まず事業所Aのルーターには、合計でいくつのIPアドレスが必要になるでしょうか。少し考えてみましょう。

　正解は6つです。以下のIPアドレスが必要になります。

・LAN側の仮想IPアドレス
・LAN側の実IPアドレス（ルーターA）

・LAN側の実IPアドレス（ルーターB）
・広域イーサネット側の仮想IPアドレス
・広域イーサネット側の実IPアドレス（ルーターA）
・広域イーサネット側の実IPアドレス（ルーターB）

　それぞれIPアドレスを割り当ててみると以下のようになります。IPアドレスの範囲からどのIPアドレスを使わなければいけないという決まりはないので、これはあくまでも一例です。

・LAN側の仮想IPアドレス：192.168.1.254
・LAN側の実IPアドレス（ルーターA）：192.168.1.252
・LAN側の実IPアドレス（ルーターB）：192.168.1.253
・広域イーサネット側の仮想IPアドレス：192.168.100.254
・広域イーサネット側の実IPアドレス（ルーターA）：192.168.100.252
・広域イーサネット側の実IPアドレス（ルーターB）：192.168.100.253

　次の問題です。事業所BのルーターからみてLAN見て、事業所AのLAN宛の通信をルーティングするゲートウェイはどのIPアドレスになるでしょうか。

正解は
・広域イーサネット側の仮想IPアドレス：192.168.100.254
になります。

# 8.7

# インターネット回線の高速化

## 8.7.1 IPoE

　かつて個人宅からインターネットに接続する際には、電話回線を使ってインターネットサービスプロバイダ（ISP）に接続し、ISPを介してインターネットに接続していました。このとき用いられていたのが**PPP**（Point-to-Point Protocol）と呼ばれる技術です。

　その後、通信技術の発達によりADSLや光回線などの高速かつ常時接続が当たり前の回線が登場し、PPPをLANの規格であるイーサネット上でも使う必要が出てきました。こうして生まれたのが**PPPoE**（PPP over Ethernet）です（図8.30）。

　PPPoEは電話回線上で使用していた技術をイーサネットに応用したものですが、**IPoE**（IP over Ethernet）は企業内のLANなどと同じやり方で直接インターネットに接続する方式です。PPPoEでは認証のためにID・パスワードを使用していましたが、IPoEは回線に対して認証を行うのでIDとパスワードが不要になります。

　PPPoEに加えて新しい接続方式のIPoEが生まれたのには理由があります。PPPoEによる接続方式の回線が混雑し回線速度が低下してきたため、新しい接続方式を作ってそちらの利用を推進していこうとしているのです。例えると、PPPoEとIPoEは別々の道路で、PPPoEという道路が混雑してきたので、IPoEという新しい道路を作ったということになります。

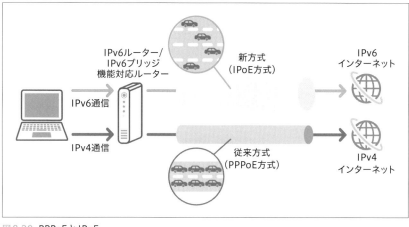

図8.30　PPPoEとIPoE

　インターネット回線の速度低下が問題となってきた背景には、動画サイトなどが一般的になったことによるインターネットコンテンツのリッチ化と、個人・法人問わずインターネットを介して利用するクラウドサービスが普及してきたことなどが挙げられます。20年ほど前は、インターネットは「利用するときに接続する」ものであったのが、今では「常にインターネットにつながっている」のが当たり前になりました。それほどインターネットが社会インフラとして定着してきたといえるでしょう。

## COLUMN

　○○ over ○○とは：ネットワークについて学んでいると、○○ over ○○といった言葉がたくさん出てきます。ここで改めて整理しておきましょう。

「A over B」は「Bを越えてAを使えるようにする」といった意味で使われます。例えばPPPoEはPPP over Ethernet、つまりイーサネット（E）を越えてPPPを使えるようにするという意味で、次に出てくるIPv4 over IPv6は、IPv6を越えてIPv4を使えるようにするという意味になります。

A over Bを実現するための手法が「トンネル」であり、その手法の1つが「カプセル化」です。トンネル（トンネリング）はネットワークの中に論理的な通り道を作ることです。IPv4 over IPv6では、IPv6のネットワークにIPv4が通るためのトンネルを作って通信を通します。このトンネルを実現する手法がカプセル化で、IPv4のパケットをIPv6のパケットで包む、いわばIPv6のカプセルに入れるイメージです。

トンネルの入り口でIPv6のカプセルに入れられたIPv4のパケットは、IPv6のふりを するような形でIPv6のネットワークにできたトンネルを通り、トンネルの出口でカプ セルから出されてIPv4のパケットとして流れていくのです。

## 8.7.2　IPv4 over IPv6

　Chapter 2で、IPアドレスにはIPv4とIPv6があり、現在もメインで使わ れているのはIPv4であるというお話をしました。IPoEは実はそれだけでは IPv6の通信にしか対応しておらず、IPv6に対応しているWebサイトは高速 化できますが、IPv4にしか対応していないWebサイトは従来どおりPPPoE を使って通信をするため、高速化されません。

　そこでIPoEを使って、IPv4のWebサイトもIPv6のWebサイトも閲覧で きるようにするための技術が **IPv4 over IPv6** です。IPv4 over IPv6には MAP-Eという方式と、DS-Liteという方式があります。細かな技術的差異は ありますが、ユーザーにとっては両者にほぼ違いはないといえます。どちら の方式を使用しているかはISPによって異なります。正確には、ISPに対し てIPv4 over IPv6のサービスを提供している事業者によって異なります。

## COLUMN

　小学校プログラミング教育とインターネットの高速化：2020年度から、全国の小 学校でプログラミング教育が必修になります。小学校で行われるのは「コンピュー ターが魔法の箱ではなく、人間が命令することで動くもの」ということや「コンピュ ーターに命令をするときは細かい命令の組み合わせによって行う」といった「プロ グラミング的思考」を育てていくことです。小学校プログラミング教育では、コン ピューターを使わずにプログラミング的思考を育成する「アンプラグド」と呼ばれ る授業の形式と、実際にコンピューターに命令をして動かしてみる授業の形式の2 つがあります。後者では、ブロックを組み立ててアニメーションやゲームを作成す ることができるScratchという教材や、LEDやセンサーを搭載した物理的なコンピ ューターボードにプログラムを書き込んで動かすmicro:bitという教材などが使わ れます。

これらの教材に共通していえることは、インターネット上のWebサービスとして提供されているということです。プログラミングを行うにはインターネットに接続する必要があります。しかしこういったインターネットの利用はこれまでの小学校教育では想定されておらず、学校によっては「1クラスの生徒全員がこれらのWebサービスを一斉に利用することを想定したネットワークではない」というケースもあるようです。教育現場においてもインターネットの高速化が必要とされている状況なのです。

# おわりに

●

　ネットワークとは何なのか、ネットワークとインターネットはどう違うのか、ネットワークを支える技術やネットワークに支えられている技術などについて解説してまいりました。

　インターネット、ひいてはクラウドが前提となるシステムが多く用いられている今日において、ネットワークについて理解しておくことはとても重要なことです。また本書では、普段意識することのない「なぜコンピューターやスマートフォンがインターネットにすぐつながるのか」「ネットワークの管理とは何なのか」といったことについても解説しました。

　私はネットワークエンジニアとして IT 業界でのキャリアをはじめたため、知っていて「当たり前」と思っていることがたくさんあります。本書の執筆は、私自身にとってもあらためて自分にとっての「当たり前」がどういうものなのかを考える契機となり、ネットワークそのものについて深く考えなおすきっかけとなりました。

　本書でもまだ解説できていない内容が多くあります。ここではさらにネットワークについて深く学んでみたいと思う方に、次のステップとなる書籍をご紹介します。

■『マスタリングTCP/IP IPv6編 第2版』
　（志田 智、小林 直之、鈴木 暢、黒木 秀和、矢野 ミチル 著、オーム社）
　TCP/IPの解説書として代表的なシリーズである「マスタリングTCP/IP」のIPv6編です。本書ではIPv6については触れませんでしたが、こ

の本を読むことでIPv6とは何なのかが理解できるはずです。

■『Amazon Web Services 基礎からのネットワーク&サーバー構築
　改訂3版』（大澤 文孝、玉川 憲、片山 暁雄、今井 雄太 著、日経BP）
　AWSを題材として、実際にネットワークとサーバーを構築してみる
ことができる書籍です。本書ではクラウドのネットワーク構築について
は基礎の基礎についてしか触れませんでしたが、この本を読み、実践し
てみることで、クラウド上でのネットワーク構築についての理解が深ま
るでしょう。

■『イラスト図解式 この一冊で全部わかるWeb技術の基本』
　（小林 恭平、坂本 陽 著、佐々木 拓郎 監修、SBクリエイティブ）
　ネットワーク上で動くものとして代表的なのがWebです。本書は、
実際にはいろいろな意味を持っている「Web技術」全般について、広
く紹介しています。ネットワークとは切っても切り離せない関係にある
Webについて俯瞰的に学べる一冊です。Webの全体像から、HTTP
の仕組み、データ形式、セキュリティ、システムの構築・運用まで、ひ
ととおり知っておきたい知識をまとめて理解できます。

　本書の内容が皆様のお役にたてば幸いです。

大喜多利哉

**A** Active Directory ........................... 79
Ajax .............................................. 83
Akamai ...................................... 137
Amazon CloudFront（AWS）... 137
Amazon Web Service（AWS）... 102
   Amazon Cloud Front ............. 137
   EC2 ......................................... 123
   Elastic IP ................................ 123
   RDS .......................................... 123
   アベイラビリティゾーン ............. 122
   インスタンス ........................... 123
   サブネット .............................. 122
   セキュリティグループ ............. 123
an internet ............................... 13
Apache ..................................... 106
ARP ............................................ 24
   リクエスト ................................ 24
   リプライ .................................... 24
AS（自律システム）................... 14
ASP.NET ................................... 108
Aurora ...................................... 107

**C** C# .............................................. 108
ccTLD ................................... 71, 72
CDN .......................................... 135
CGI ............................................. 60
CIDR 表記 .............................. 36, 52
Cloudflare ............................... 137
CMS .......................................... 105
Cookie ....................................... 78

**D** DaaS ......................................... 161
DDoS 攻撃 ......................... 137, 147
DHCP ................................... 29, 87
   アック ........................................ 30
   オファー .................................... 29
   ディスカバー ............................ 29
   リクエスト ................................ 29
DMZ .......................................... 153
DNS ............................................ 66
   切り替え .................................... 72
   ラウンドロビン ................... 69, 131
DoS 攻撃 ................................... 147
DV ............................................... 63

**E** EC2（AWS）............................ 123
Elastic IP（AWS）................... 123
Elasticsearch ........................... 165
EV（認証）................................. 63

**F** F5アタック ............................... 148
Fastly ....................................... 137
Firebase ................................... 103

**G** GETメソッド .............................. 75
Google Cloud Platform（GCP）... 103
Grafana .................................... 165
GSLB ......................................... 133
gTLD ........................................... 71

**H** Heroku ......................................... 103
HTTP ................................... 60, 74
　　リクエスト .............................. 74
　　レスポンス ............................ 74
HTTP/2 ......................................... 80
HTTPS ......................................... 130

**I** IaaS ............................................. 99
ICMP ........................................... 48
IDS ............................................. 90
IEEE 802.11 .................................. 7
IEEE 802.1X ................................ 159
IIS ............................................. 107
ImageFlux .................................. 138
Imperva Incapsula ..................... 137
IP ............................................... 20
IPAM（IPアドレス管理ソフトウェア）... 36
ipconfigコマンド .......................... 41
IPoE ........................................... 202
IPS ............................................. 90
IPsec-VPN .................................. 182
IPv4／IPv6 ........................... 26, 204
IP-VPN ....................................... 175
IPアドレス .................................. 23
　　管理ソフトウェア（IPAM）...... 36
　　グローバル ....................... 23, 49
　　ネットワークアドレス ........... 34
　　ネットワーク部 .................... 31
　　プライベート ................... 23, 49
　　ブロードキャストアドレス ...... 34
　　ホスト部 ............................ 31
ISP ............................................. 14
IX ............................................. 194

**K** Kintone .................................... 103

**L** L2TP ......................................... 182
L2スイッチ ....................... 10, 23, 43
L3スイッチ ............................ 10, 23
　　パケットフィルタ .................. 44
　　ルーターとの違い .............. 40, 43
L4スイッチ ....................... 10, 23, 44
L7スイッチ ....................... 23, 44, 87
LAMP ......................................... 108
LAN ............................................. 6
　　有線／無線 ........................... 6
LDAP ........................................... 79
Linux ......................................... 106

**M** Mackerel .................................. 165
macOS ....................................... 106
MACアドレス ............................... 24
MariaDB .................................... 107
Microsoft 365 ........................... 102
Microsoft Azure ........................ 102
munin ....................................... 164
MySQL ....................................... 107

**N** Nagios ..................................... 164
NAT ............................................. 49
NAT型（負荷分散） ................... 132
netstatコマンド .......................... 51
nginx ......................................... 106
nslookupコマンド ........................ 68

**O** OAuth ......................................... 79
ONU ............................................. 10
OpenFlow .................................... 93
Oracle ....................................... 107
OS ............................................. 106
OSI参照モデル ............................ 21
OV ............................................... 63

**P** PaaS ............................... 99
PHP ............................... 108
ping コマンド ........................ 48
POP before SMTP ..................... 80
PostgreSQL ........................ 107
POST メソッド ....................... 75
PPP ............................... 202
PPPoE ............................. 202
Prometheus ........................ 164
PUT メソッド ........................ 75

**R** RDBMS ............................ 107
RDS（AWS）........................ 123
Ruby ............................. 108
Ruby on Rails ..................... 108

**S** SaaS .............................. 99
SDN ............................... 92
　OpenFlow ........................ 93
　コントローラー ..................... 93
SD-WAN ............................ 95
SEO .............................. 130
SI ............................... 140
SIEM ............................. 158
SMTP Auth .......................... 79
SPDY .............................. 80
SPI .............................. 151
SQL Server ........................ 107
SQL インジェクション ................ 148
SSID ............................. 168
SSL ......................... 61, 128
　証明書 ........................... 61
SSL-VPN .......................... 182
sTLD .............................. 71

**T** TCP .......................... 20, 45
TCP/IP ........................ 17, 20
　4階層モデル ....................... 20
The Internet ....................... 12
TLS ......................... 61, 128
tracert（traceroute）コマンド ..... 15

**U** UDP ............................... 45
URL ............................... 65
UTM ............................... 88

**V** VIP .............................. 132
Visual Basic ...................... 108
VLAN ............................. 171
　タグベース ....................... 173
　ポートベース ..................... 173
VPC ............................... 11
VPN .............................. 181
　拠点間〜 ........................ 181
　リモートアクセス〜 ............... 181
VRRP ............................. 199

**W** WAF .............................. 89
WAN ............................ 6, 17
　無線 ............................. 9
Web ............................... 58
　サーバー .......................... 60
　信頼性 .......................... 126
Web API ........................... 83
WebSocket ......................... 83
WEP ／ WPA ／ WPA2 ................ 168
Wi-Fi .............................. 8
Windows .......................... 106
WISA ............................. 109
WWW ........................... 3, 58

索引

**X** XMLHttpRequest......................83

**Z** Zabbix..................................164

**ア行** アクセス回線..........................4
アクセス回線と網...............173, 176
アドレス..................................23
アベイラビリティゾーン（AWS）......122
暗号化...................................126
暗黙のDeny............................151
イーサネット..............................7
インスタンス（AWS）..................123
インターネット...............12, 17, 170
　相互接続..............................192
インターネット・プロトコル・スイート...20
インターネットVPN.........175, 181, 184
インターネットエクスチェンジ.........194
インターネットサービスプロバイダ......14
インターネットワーキング...............12
ウェブアクセラレータ...................138
ウェルノウンポート番号.................46
エッジサーバー（CDN）...............135
オクテット...............................32
オリジンサーバー（CDN）.............135
オンラインシステム.......................2

**カ行** 外形監視...............................163
カスタマーエッジ（CDN）.............135
可変長サブネットマスク.................36
可用性..................................146
監視.....................................162
　外形...................................163
　死活...................................163
　トラフィック...........................163
　リソース...............................162

**カ行** 完全性..................................146
企業認証（OV）..........................63
機密性..................................146
キャッシュDNSサーバー.............67, 72
ギャランティー型.......................177
共通鍵（暗号方式）....................127
拠点間VPN.......................181, 183
拠点間ネットワーク....................176
クライアント.............................59
クライアントサーバーモデル.............59
クラウド（クラウドコンピューティング）..98
　IaaS...................................99
　PaaS..................................99
　SaaS..................................99
　ネットワーク設計....................121
　利便性...............................101
グローバルIPアドレス...............23, 49
クロスサイトスクリプティング.........148
広域イーサネット......................174
公開鍵（暗号方式）...................128
公衆無線LAN............................8
コンテンツDNSサーバー............67, 72

**サ行** サーバー.............................9, 59
　Web～................................60
サーバー証明書.......................129
さくらのクラウド.......................104
サブネット（AWS）....................122
サブネットマスク.......................31
　可変長～..............................36
死活監視...............................163
システムインテグレーター（SI）......140
常時SSL/TLS化........................130

索引

**サ行**

情報セキュリティの3要素 ... 146
自律システム ... 14
シンクライアント ... 160
シンプル監視 ... 165
スイッチ ... 23, 87
　L2／L3／L4 ... 10
スキーム ... 65
スタティックルーティングテーブル ... 54
ステートフルパケットインスペクション ... 151
スパニング・ツリー・プロトコル ... 198
セキュリティグループ（AWS） ... 123
セッション ... 77
　ID ... 78
ゼロトラストネットワーク ... 188
ソーシャルエンジニアリング ... 149

**タ行**

ダイナミックポート番号 ... 47
ダイナミックルーティングテーブル ... 54
タグベースVLAN ... 173
多要素認証 ... 79, 188
端末 ... 9
チーミング ... 196
データセンター ... 186
デフォルトゲートウェイ ... 25, 39
デフォルトルート ... 40
ドメイン ... 69
ドメイン認証（DV） ... 63
トラフィック監視 ... 163
トラブルシューティング ... 143
トランジット ... 192, 195

**ナ行**

認可 ... 79
認証 ... 78
　IDとパスワード ... 78
　多要素～ ... 79

**ナ行**

認証基盤 ... 79
認証局 ... 61, 62
ネットマスク ... 31
ネットワーク ... 2
　クラウドにおける～ ... 189
　構成図 ... 116
　冗長化 ... 196
　設計 ... 112
　宅内 ... 168
　物理設計図 ... 116
　論理設計図 ... 116
ネットワークアドレス ... 34
ネットワークセグメント ... 37

**ハ行**

ハイパーテキスト ... 58
ハイパーリンク ... 58
ハウジング ... 105
パケット ... 27
　交換 ... 27
　ペイロード ... 28
　ヘッダ ... 28
パケットフィルタ ... 44, 150
パスワード認証 ... 188
パスワードリスト攻撃 ... 149
パブリックIPアドレス ... 49
ピアリング ... 192, 193
　プライベート～ ... 193
　ペイド～ ... 193
　ポリシー ... 193
秘密鍵 ... 128
標的型攻撃 ... 147
ファイアウォール ... 10, 149
　アプライアンス型 ... 150
　ソフトウエア型 ... 150
ファイアウォールルール ... 150, 153

**ハ行**

フォールトトレランス .................... 197
復号 ............................................ 126
物理設計図 .................................. 116
プライベートIPアドレス .......... 23, 49
プライベートピアリング ............. 193
ブルートフォースアタック ......... 148
ブロードキャスト ......................... 25
ブロードキャストアドレス ........... 34
ブロードキャストドメイン ......... 172
プロキシ ..................................... 134
　サーバー ................................. 134
　リバース～ ............................. 134
プロトコル .................................... 17
閉域網 ......................................... 174
ペイドピアリング ....................... 193
ペイロード .................................... 28
ベストエフォート型 .................... 177
ヘッダ ........................................... 28
ポート番号 .................................... 45
　ウェルノウン～ ......................... 46
　ダイナミック～ ......................... 47
ポートベースVLAN ................... 173
ホスティング .............................. 104
ボンディング .............................. 196

**マ行**

マッシュアップ ............................. 83
マルウェア .................................. 147
マルチホーミング ....................... 197
無線LAN ......................................... 6
　SSID ........................................ 168
　WEP／WPA／WPA2 .............. 168
　公衆～ .......................................... 8
　ルーター .................................... 10
無線WAN ......................................... 9
無線アクセスポイント .................. 10

**ヤ行**

有線LAN ......................................... 6

**ラ行**

ラウンドロビン ............................. 44
ランサムウェア ........................... 147
リーストコネクション .................. 44
リソース監視 .............................. 162
リバースプロキシ ....................... 134
リモートアクセスVPN ............... 181
リンクアグリゲーション ............. 197
ルーター ........................... 10, 38, 86
　L3スイッチとの違い ........... 40, 43
ルーティング集約 ......................... 52
ルーティングテーブル ........... 39, 54
　スタティック ............................. 54
　ダイナミック ............................. 54
ルーティングプロトコル .............. 54
レジストラ .................................... 69
レジストリ .................................... 69
ロードバランサー ......................... 44
ロードバランシング ................... 197
ログ解析 ..................................... 157
論理設計図 .................................. 116

**ワ行**

ワンタイムパスワード .................. 79

索引

## 著者紹介

### 大喜多 利哉（おおきた としや）

1978年生まれ、神奈川県横須賀市出身。サーバーやネットワークなどを広く取り扱うインフラエンジニア。主な著書・ウェブ記事に『Mastodon入門ガイド』（ソーテック社）、「CentOS 7で始める最新Linux管理入門」（@IT）がある。

装丁・本文デザイン ····· 大下 賢一郎
組版 ···················· BUCH+

# クラウド時代のネットワーク入門
## 要素技術、設計運用の基本、ネットワークパターン

2021年 2月 8日　初版第1刷発行
2022年 1月25日　初版第2刷発行

著　者 ················ 大喜多 利哉
発行人 ················ 佐々木 幹夫
発行所 ················ 株式会社 翔泳社（https://www.shoeisha.co.jp）
印刷・製本 ············ 株式会社 広済堂ネクスト

ISBN978-4-7981-6603-2 Printed in Japan